卓越工程师培养计划“十二五”规划教材

Java EE Web 应用开发基础

俞东进　任祖杰　编著

電子工業出版社
Publishing House of Electronics Industry
北京 · BEIJING

内 容 简 介

本书讲述了如何基于最新的 Java EE 平台开发 Web 应用软件，主要包括 XHTML/CSS、JavaScript/AJAX、Servlet、JSP 及 SSH（Struts、Spring、Hibernate）开发框架等，内容新颖，紧跟技术主流，同时强调应用，提供丰富案例和众多开发指导。

作为卓越工程师培养计划“十二五”规划教材，本书可用于高等学校软件工程和计算机相关专业的专业课教学，也可用于职业培训机构开展 Java EE 应用软件开发培训或者软件工程人员自学。

图书在版编目(CIP)数据

Java EE Web 应用开发基础 / 俞东进，任祖杰编著. —北京：电子工业出版社，2012.6
卓越工程师培养计划“十二五”规划教材
ISBN 978-7-121-16974-8

I. ①J… II. ①俞…②任… III. ①JAVA 语言－程序设计－高等学校－教材 IV. ①TP312

中国版本图书馆 CIP 数据核字(2012)第 091207 号

策划编辑：章海涛
责任编辑：章海涛　　特约编辑：顾慧芳
印　　刷：北京盛通商印快线网络科技有限公司
装　　订：北京盛通商印快线网络科技有限公司
出版发行：电子工业出版社
　　　　　北京市海淀区万寿路 173 信箱　邮编　100036
开　　本：787×1092　1/16　印张：12.75　字数：346 千字
版　　次：2012 年 6 月第 1 版
印　　次：2021 年 6 月第 12 次印刷
定　　价：34.00 元

凡所购买电子工业出版社图书有缺损问题，请向购买书店调换。若书店售缺，请与本社发行部联系，联系及邮购电话：（010）88254888。

质量投诉请发邮件至 zlts@phei.com.cn，盗版侵权举报请发邮件至 dbqq@phei.com.cn。

服务热线：（010）88258888。

前　言

Java EE 是开发基于 Web 的大中型应用软件的主流平台，是每位立志从事软件工程开发的人员必须掌握的一门专业技术。目前，国内外有关 Java EE Web 的书籍较多，其中不乏优秀的，特别是一些国（境）外出版的外文影印版或者翻译版书籍颇受市场欢迎，有些甚至影响了整整一代软件工程师的成长。但是，综观 Java EE Web 开发的书籍，良莠不齐，尚存在不少需要改善的地方，它们或者内容过于庞杂，或者缺乏稳定性，或者可读性不强。可以这么说，目前，真正优秀的教材还很少见（甚至没有）。事实上，有些在市场上很受读者欢迎的 Java EE Web 书籍可以作为从事 Java EE Web 开发的软件工程师的参考书籍，但是并不适合教学之用。

本教材是笔者根据多年的教学经历而编写的，力争在如下多个方面做出新的尝试。

① 紧跟软件企业主流技术和发展趋势。力求避免非主流或陈旧、过时的内容，通过引入真实开发环境（包括各种平台、语言和开源框架），实现学校“教”和企业“用”的无缝连接，强调新知识、新方法，真正达到学以致用的目的。

② 深度和广度相结合。Java EE Web 内容庞杂，学习难度较大。教材篇幅有限，不求面面俱到，应在若干个关键技术“点”上进行深入阐述，确保学生通过本教材的学习就能独立开发一般的 Java EE 项目；同时，适当兼顾对整个 Java EE 技术“面”的介绍，为学生进一步的自学提供基础。

③ 案例驱动，注重实践教学。本教材强调学生动手能力的培养，关注项目的实际开发背景和需求，充分结合项目实践中经常碰到的技术问题，并以“Step by Step”的方式提供对 Java EE 项目案例的详细介绍。

④ 强调趣味性。本教材力求行文活泼、图文并茂、举例生动，并适当充实最新 IT 界发展动向的介绍，以求充分激发学生的学习兴趣。

本教材覆盖了基于 Java EE 平台开发 Web 软件的相关内容，主要包括 XHTML/CSS、JavaScript/AJAX、Servlet、JSP 及 SSH（Struts、Spring、Hibernate）开发框架。通过学习，读者可以初步掌握 Java EE 平台的体系结构及如何基于 Java EE 平台开发 Web 应用软件。当然，Java EE 平台本身技术内容繁杂，不可能也没有必要在一本教材中给予全面和深入的讲解。有志向进一步学习的读者可以在本教材的基础上选择某个专题进行更深入的学习。

本教材是笔者根据十几年的 J2EE/Java EE 项目开发经验，以及在多年的教学过程中编写的 3 个版本的讲义基础上反复整理、修改而成的，可作为学习 Java EE Web 开发的入门教材，用于软件工程和计算机相关专业的教学、职业培训机构开展 Java EE 应用软件开发培训或软件工程人员自学。

本教材由俞东进、任祖杰编写。俞东进编写了第 1、2、3、4、5、6 章和附录 A、附录 B。任祖杰编写了第 7、8、9 章，以及第 1 章的部分内容。俞东进审阅了全书。徐争前、吕倩、吴萌萌、章怿霏、李畅等编写了本教材的部分内容，特别感谢胡维华教授长期以来对本教材编写工作的热诚关心和大力支持。

由于时间和水平限制，教材一定还存在不少错误，欢迎大家批评指出，意见或建议可发至：unicode@phei.com.cn。登录到 http://www.hxedu.com.cn 网站，可下载课件、例题和试题。

俞东进
杭州电子科技大学

目　　录

第 1 章　Java EE 概述……1
1.1　Java 平台简介……1
1.2　Java EE 平台主要内容……1
1.3　Java EE 应用服务器软件……4
1.4　Java EE 的相关角色……5
1.5　Java EE 应用软件的体系结构……5
1.6　Java EE 体系架构的优点……6
1.7　思考练习题……7
第 2 章　Web 开发基础……8
2.1　浏览器……8
2.2　Web 服务器……9
2.3　HTTP……10
2.3.1　HTTP 简介……10
2.3.2　统一资源定位地址……10
2.3.3　HTTP 请求……11
2.3.4　HTTP 响应……11
2.3.5　HTTP 的消息报头……12
2.3.6　HTTP 请求和响应示例……14
2.4　思考练习题……15
第 3 章　XHTML 和 CSS……17
3.1　XHTML 概述……17
3.1.1　XHTML 的形成和发展……17
3.1.2　XML 概述……17
3.1.3　XHTML 文档结构……18
3.1.4　XHTML 文档的基本语法……19
3.1.5　XHTML 和 HTML 的区别……20
3.2　XHTML 常用标签……21
3.2.1　段落标签……21
3.2.2　标题标签……22
3.2.3　有序列表标签……22
3.2.4　无序列表标签……23
3.2.5　图片标签……23
3.2.6　超链接标签……24
3.2.7　表格标签……26
3.3　XHTML 表单……27
3.3.1　单行文本框……28
3.3.2　口令输入框……28
3.3.3　单选按钮……29
3.3.4　复选框……29
3.3.5　滚动文本框……30
3.3.6　选择列表……31
3.3.7　重置和提交按钮……32
3.4　CSS……33
3.4.1　CSS 概述……33
3.4.2　样式表层次以及样式说明格式……34
3.4.3　CSS 的常用选择器……36
3.4.4　CSS 属性……39
3.4.5　<span>标签和< div>标签……42
3.5　思考练习题……43
第 4 章　JavaScript……45
4.1　JavaScript……45
4.1.1　JavaScript 概述……45
4.1.2　面向对象和 JavaScript……45
4.1.3　基本语法特征……46
4.1.4　标识符……46
4.1.5　原始数据类型……46
4.1.6　声明变量……47
4.1.7　操作符……48
4.1.8　常用对象……48
4.2　屏幕输出和键盘输入……49
4.3　控制语句……50
4.3.1　控制表达式……50
4.3.2　选择语句……51
4.3.3　switch 语句……51
4.3.4　循环语句……52
4.4　创建对象和修改对象……53

4.5 数组……54
4.5.1 创建数组对象……54
4.5.2 sort 方法……54
4.5.3 concat 方法……55
4.6 函数……55
4.6.1 函数的定义和调用……55
4.6.2 局部变量……56
4.6.3 函数参数……56
4.7 JavaScript 与 XHTML 文档……56
4.7.1 JavaScript 的执行环境……56
4.7.2 文档对象模型（DOM）……57
4.7.3 利用 JavaScript 访问元素……58
4.8 事件与事件处理……59
4.8.1 事件处理的基本概念……59
4.8.2 事件、属性和标签……60
4.8.3 处理主体元素事件……60
4.8.4 处理表单按钮的事件……61
4.8.5 检验表单输入……63
4.9 AJAX 开发……64
4.9.1 AJAX 交互模式……65
4.9.2 XMLHttpRequest 简介……65
4.9.3 使用 XMLHttpRequest……66
4.9.4 EXT JS 开发……68
4.10 思考练习题……70
第 5 章 Servlet 基础……71
5.1 Servlet 概述……71
5.2 Servlet 容器……72
5.3 Servlet 生命周期……72
5.4 Servlet API……74
5.4.1 Servlet 类、请求和响应……74
5.4.2 javax.servlet 包……75
5.4.3 javax.servlet.http 包……77
5.5 Java Web 应用……79
5.5.1 Java Web 应用结构……79
5.5.2 web.xml 配置……80
5.5.3 Tomcat 与 Java Web 应用部署……81
5.6 编写第一个 Servlet……82
5.7 访问 Servlet 的配置参数……85
5.8 通过 Servlet 处理 Cookie……86
5.8.1 Cookie 的基本概念……86
5.8.2 Cookie 类中的方法……86
5.8.3 Cookie 的处理……87
5.9 过滤器……88
5.9.1 Filter API……88
5.9.2 Filter 的应用实例……89
5.10 Servlet 3.0 的新特性……91
5.10.1 Servlet 中的注释……91
5.10.2 Servlet 中的异步处理……92
5.10.3 现有 API 的改进……92
5.11 思考练习题……93
第 6 章 JSP 简介……94
6.1 初识 JSP……94
6.1.1 JSP 起源……94
6.1.2 JSP 工作原理……95
6.2 开发第一个 JSP 程序……95
6.3 JSP 基本语法……96
6.3.1 JSP 注释……96
6.3.2 JSP 声明……97
6.3.3 JSP 表达式……97
6.3.4 JSP 程序段……98
6.3.5 JSP 指令标记……98
6.3.6 JSP 动作元素……101
6.3.7 JSP 异常……106
6.4 JSP 内置对象……107
6.4.1 request 对象……107
6.4.2 response 对象……108
6.4.3 out 对象……109
6.4.4 session 对象……110
6.4.5 application 对象……110
6.4.6 page 对象……111
6.4.7 pageContext 对象……111
6.4.8 config 对象……112
6.4.9 exception 对象……112
6.5 JavaBean……113
6.5.1 JavaBean 概述……113
6.5.2 在 JSP 中使用 JavaBean……114
6.5.3 JavaBean 的生命周期……114
6.6 JSP 标准标记库……118

6.7 Servlet 与 JSP 的关系 ……………… 121
6.8 JSP 2.0 的新特性 ……………… 123
6.8.1 JSPX ……………… 123
6.8.2 Expression Language ……………… 123
6.8.3 Simple Tag 和 Tag File ……………… 124
6.8.4 <jsp-config>元素 ……………… 124
6.9 思考练习题 ……………… 125
第 7 章 Struts 入门 ……………… 126
7.1 MVC 简介 ……………… 126
7.2 Struts 体系结构 ……………… 127
7.3 Struts 配置 ……………… 129
7.3.1 web.xml ……………… 129
7.3.2 struts.xml ……………… 130
7.3.3 struts.properties ……………… 131
7.4 编写 Action ……………… 131
7.4.1 Action 的类型 ……………… 131
7.4.2 在 Action 中访问 Servlet API ·· 132
7.5 配置 Action ……………… 133
7.5.1 Action 映射的简单配置 ……………… 134
7.5.2 使用 method 属性 ……………… 135
7.5.3 动态方法调用 ……………… 135
7.5.4 默认 Action ……………… 136
7.6 一个完整的 Struts 应用实例 ……………… 136
7.7 思考练习题 ……………… 140
第 8 章 Spring 入门 ……………… 141
8.1 Spring 框架简介 ……………… 141
8.2 控制反转 ……………… 142
8.2.1 IoC 和依赖注入 ……………… 142
8.2.2 Bean 和 Bean 配置 ……………… 144
8.2.3 Bean 的作用域 ……………… 144
8.2.4 Bean Factory ……………… 145
8.2.5 ApplicationContext ……………… 146
8.2.6 使用注解配置 Spring IoC ……………… 147
8.3 Spring AOP ……………… 147
8.3.1 AOP 的基本概念 ……………… 147
8.3.2 Spring AOP 实例 ……………… 148
8.4 Spring MVC ……………… 151
8.4.1 Spring MVC 处理流程 ……………… 151
8.4.2 Spring MVC 配置 ……………… 152
8.4.3 实现 Controller ……………… 154
8.4.4 实现 View ……………… 155
8.4.5 一个完整的 Spring MVC 示例 · 156
8.5 思考练习题 ……………… 159
第 9 章 Hibernate 入门 ……………… 160
9.1 Hibernate 概述 ……………… 160
9.1.1 数据持久化与 ORM ……………… 160
9.1.2 Hibernate 体系结构 ……………… 161
9.1.3 核心接口简介 ……………… 162
9.2 编写持久化类 ……………… 163
9.3 Hibernate 配置文件 ……………… 164
9.3.1 数据库配置文件 ……………… 164
9.3.2 ORM 映射文件 ……………… 165
9.4 HQL 语法 ……………… 167
9.5 Hibernate 应用实例 ……………… 169
9.6 思考练习题 ……………… 172
附录 A 开发环境配置和使用 ……………… 173
A.1 Apache HTTP 服务器安装 ……………… 173
A.2 JDK 安装 ……………… 173
A.3 Tomcat 安装 ……………… 173
A.4 Eclipse 安装 ……………… 174
A.5 使用 Eclipse ……………… 174
A.5.1 在 Eclipse 中配置 Tomcat ……………… 174
A.5.2 创建 Web 项目 ……………… 175
A.5.3 编制程序文件 ……………… 176
A.5.4 部署 Web 项目至 Tomcat ……………… 176
附录 B Java EE Web 综合实验 ……………… 178
B.1 简介 ……………… 178
B.2 初始化项目 ……………… 178
B.3 引入 Spring 框架 ……………… 179
B.4 创建、配置新的视图和控制器 ···· 181
B.5 开发业务逻辑层 ……………… 184
B.6 使用表单 ……………… 188
参考文献 ……………… 195

第 1 章　Java EE 概述

本章作为本教材的引言，简要介绍 Java EE 规范、Java EE 平台组成部分、Java EE 应用服务器软件、Java EE 应用软件体系结构等内容。

1.1　Java 平台简介

Java 既是一种编程语言，也是一个平台。作为编程语言，Java 可以被认为是一种面向对象的高级语言；作为一个平台，它指的是使用 Java 编程语言编写的应用程序的运行环境。Java 平台主要包括以下 3 种。

- Java SE（Java Platform，Standard Edition）：Java 标准版。
- Java EE（Java Platform，Enterprise Edition）：Java 企业版。
- Java ME（Java Platform，Micro Edition）：Java 微型版。

所有平台都包括了一个 Java 虚拟机（Java Virtual Machine，JVM）和一套应用程序接口（Application Programming Interface，API），这使得任何基于这些平台开发的应用程序都具备 Java 编程语言的优点：跨平台、安全性、可扩展性等。

Java SE 提供了 Java 编程语言的核心功能。Java EE 是基于 Java SE、为企业级应用推出的标准平台。这里，企业级应用特指那些具备多层结构、可扩展的、高可靠性的、大规模的网络应用软件。Java ME 包含了 Java SE 应用程序接口一个子集，以及一个可运行于微型设备（如移动手机）之上的小型 Java 虚拟机。Java ME 应用软件往往可作为 Java EE 应用软件的一个客户端而存在。

Sun Microsystems 公司（已于 2009 年被 Oracle 公司收购）在 1998 年推出 JDK 1.2 版本时，使用了新名称 Java 2 Platform，即“Java 2 平台”，修改后的 JDK 称为 Java 2 Platform Software Developing Kit，即 J2SDK，并分为标准版（Standard Edition，J2SE）、企业版（Enterprise Edition，J2EE）和微型版（MicroEdition，J2ME）。2005 年 6 月，召开 Java One 大会时，Sun Microsystems 公司公布 Java SE 6。此时，Java 的各种版本已经更名，取消了其中的数字“2”：J2SE 更名为 Java SE，J2EE 更名为 Java EE，J2ME 更名为 Java ME。

随着 Java 技术的发展，Java EE 平台得到了迅速的发展，成为 Java 语言中最活跃的体系之一。如今，Java EE 不仅仅是指一种标准平台（Platform），更多地表达着一种软件架构和设计思想。

1.2　Java EE 平台主要内容

Java 平台的技术内容实质上是由 JCP（Java Community Process）制定的一系列 Java 技术规范所定义的。JCP（jcp.org）是一个开放的国际组织，其责任是发展和更新 Java 技术规范、参考实现（RI）、技术兼容包（TCK）。Java 技术和 JCP 两者的原创者都是 Sun Microsystems 公司。如今，JCP 已经由 Sun Microsystems 公司于 1995 年创造 Java 的非正式过程，演进到目前由数百名来自世界各地 Java 代表成员一同监督 Java 发展的正式程序。成员可以提交 JSR（Java Specification Requests），通过特定程序以后，JSR 可以成为规范而发布于世，或者演化为已有规范的下一版本。

Java EE 从其前身 J2EE 开始算起，已经经历了多个版本。2003 年发布的 J2EE 1.4 开始支持 Web Services 技术，2006 年发布的 Java EE 5 开始支持注解、注入、JSF 等技术。最新的 Java EE 6 规范已于 2009 年发布，名为 JSR 316。Java EE 6 与 Java EE 5 相比，取得了不少进展，包括添加了大量的新技术，进一步简化了平台，扩展了可用性，等等。例如，扩展注解功能使之可支持更多类型的 Java EE 组件，引入旨在裁减 Java EE 6 平台大小的 Profile 技术和 Pruning 技术，引入 Bean Validation 作为数据验证新框架，支持 JAX-RS 1.0（RESTful Web Services Java API，JSR 311）规范等。

根据 Java EE 规范的定义，Java EE 平台是由如图 1-1 所示的一系列容器、应用组件和 API 服务所组成的，这些组件和 API 服务本身也是由 JCP 或其他组织所制定的其他一些规范定义的。这里，容器是指为各种应用组件（Application Components）提供 API 服务（如 JMS、JTA、JACC 等）的 Java EE 运行时环境（Runtime Environments），可提供诸如目录服务、事务管理、安全性、资源缓冲池及容错性等各种公共服务，包括：应用客户端容器（Application Client Container）、Applet 容器（Applet Container）、Web 容器（Web Container）和 EJB 容器（EJB Container）4 种。在应用客户端容器中运行的应用组件主要是指各类桌面 Java 应用程序；在 Applet 容器中运行的应用组件主要是指各种浏览器 Applet。在 Web 容器中运行的应用组件包括可响应 HTTP 请求的 Servlet、JSP 页面等。EJB 容器则提供了支持包含业务逻辑处理的 EJB 组件运行的一个可管理环境。上述各类应用组件有的可以在 Java EE 服务器上部署、运行和管理（如 Servlet、JSP 页面、EJB 组件），有的则可以在 Java EE 服务器上部署和管理，但必须下载到客户端才能运行（如 HTML 页面、Applet）。

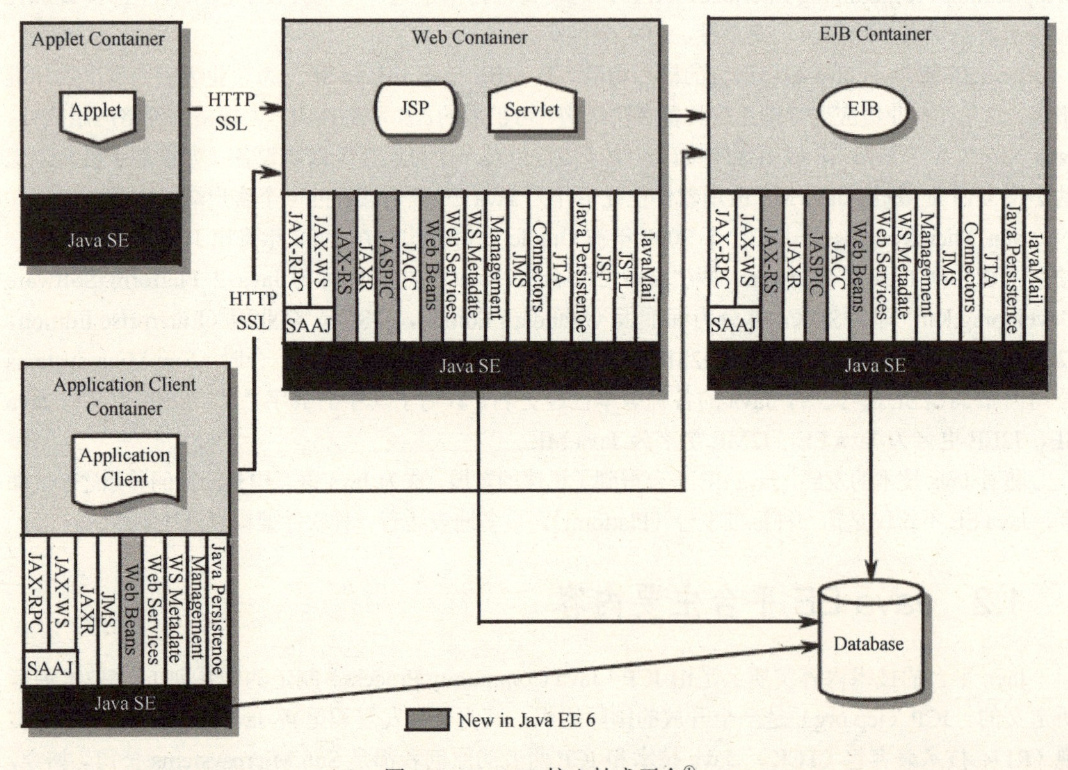

图 1-1　Java EE 核心技术平台①

① 引自 Java™ Platform, Enterprise Edition (Java EE) Specification, v6。

Java EE 为了适应大型企业级系统开发的需要，制定和规范了大量的技术。下面列举在开发基于 Java EE 平台的应用时经常需要涉及的一些 API 服务。

① JDBC（Java Database Connectivity，Java 数据库连接）：JDBC 是一种用于执行 SQL 语句的 Java API，可为访问不同的关系型数据库提供一种统一的途径。

② JNDI（Java Name and Directory Interface，Java 命名和目录接口）：JNDI 被用于执行名字和目录服务。它提供了一致的模型来存取和操作企业级的资源，如 DNS、LDAP、本地文件系统或应用服务器中的对象。

③ RMI（Remote Method Invoke，远程方法调用）：RMI 定义了调用远程对象上的方法的标准接口。作为一种被 EJB 使用的更低层的协议，它通过使用序列化方式在客户端和服务器端之间传递数据。

④ Java IDL/CORBA：Java IDL 使得 Java EE 应用组件可通过 IIOP 协议调用外部的可用各种编程语言开发的 CORBA 对象，从而实现不同应用系统之间的集成。

⑤ JMS（Java Message Service，Java 消息服务）：JMS 是用于与消息中间件相互通信的应用程序接口。它既支持点对点的消息模型，也支持发布/订阅的消息模型。Java EE 6 规范要求支持 JMS 1.1 规范（JSR 914）。

⑥ JTA（Java Transaction Architecture，Java 事务架构）：JTA 定义了面向分布式事务服务的标准 API，可支持事务范围的界定、事务的提交和回滚。Java EE 6 规范要求支持 JTA 1.1 规范（JSR 907）。

⑦ JavaMail：JavaMail 是用于存取邮件服务器的 API。它提供了一套可访问邮件服务器的抽象类，不仅支持 SMTP 服务器，也支持 IMAP 服务器。Java EE 6 规范要求支持 JavaMail 1.4 规范（JSR 919）。

⑧ JAF（JavaBeans Activation Framework，JavaBeans 激活框架）：JavaMail 利用 JAF 来处理 MIME 编码的邮件附件。通过 JAF，MIME 的字节流可以被转换成 Java 对象，或者自 Java 对象转换。

⑨ JCA（Java EE Connector Architecture，Java EE 连接器架构）：JCA 提供了一套集成各类异构的企业信息系统（Enterprise Information Systems，EIS）的标准接口。通过开发基于 JCA 的某个 EIS 连接适配器，任何 Java EE 应用软件都可以访问这个 EIS。

⑩ Web 服务：Java EE 平台通过多种技术提供了对 Web 服务的支持，例如：Java API for XML Web Services（JAX-WS）和 Java API for XML-based RPC（JAX-RPC）可支持基于 SOAP/HTTP 的 Web 服务调用，JAX-WS 和 Java Architecture for XML Binding（JAXB）定义了 Java 对象和 XML 数据之间的映射，Java API for RESTful Web Services（JAX-RS）则提供了对 REST 风格的 Web 服务的支持。

下面介绍开发基于 Java EE 平台的应用时经常需要涉及的一些应用组件。

① JSP（Java Server Pages）：JSP 页面由 XHTML/HTML 代码和嵌入其中的 Java 代码所组成。服务器在页面被客户端请求后对这些 Java 代码进行处理，然后将生成的 XHTML/HTML 页面返回给客户端的浏览器。Java EE 6 规范要求 Web 容器支持 JSP 2.2 规范（JSR 245）。

② Java Servlet：Servlet 是一种小型的 Java 程序，它扩展了 Web 服务器的功能。作为一种服务器端的应用，当被请求时开始执行。Servlet 提供的功能大多与 JSP 类似，不过实现的方式不同。JSP 通常是在 XHTML/HTML 代码中嵌入少量的 Java 代码，而 Servlet 全部由 Java 写成并且生成 XHTML/HTML 代码。Java EE 6 规范要求 Web 容器支持 Servlet 3.0 规范（JSR 315）。

③ EJB（Enterprise JavaBean，企业 JavaBean）：EJB 定义了一个用于开发基于组件的、企业级的、分布式多层应用系统的标准。基于该标准开发的企业 JavaBean 封装了应用系统中的核心业务逻辑，可分为：会话 Bean（Session Bean）、实体 Bean（Entity Bean）和消息驱动 Bean（MessageDriven Bean）。Java EE 6 规范要求 EJB 容器支持 EJB 3.1 规范（JSR 318）。

1.3 Java EE 应用服务器软件

实现了 Java EE 规范（包括各种容器和 API 服务规范）的服务器软件称为 Java EE 应用服务器软件。运行于 Java EE 应用服务器软件之上的应用软件称为 Java EE 应用软件。虽然存在着不同厂商开发的 Java EE 应用服务器软件，但是由于它们都支持统一的 Java EE 规范，所以在某个 Java EE 应用服务器软件上运行的 Java EE 应用软件可以不加修改地移植到另外一个 Java EE 应用服务器软件上（至少理论上如此），从而实现“一次开发、到处运行”的目标。

目前，市场上主流的 Java EE 应用服务器软件如下。

（1）IBM WebSphere Application Server（WAS）

WAS 是 IBM WebSphere 软件平台的基础，它提供了一个丰富的 Java EE 应用程序部署和运行环境，可帮助构建、运行、集成和管理动态、随需应变的业务应用程序。目前，IBM 推出的 WAS 版本是 V7，该产品是基于 Java EE 5 认证的，可支持 EJB 3.0 规范。

（2）JBoss

JBoss 是一个基于 Java EE 规范的开放源代码的应用服务器软件。它通过 LGPL 许可证进行发布，这使得 JBoss 得以广为流行。2006 年，JBoss 公司被 Redhat 公司收购。JBoss 应用服务器 5.0 于 2008 年发布，其兼容 Java EE 5.0 规范，具有一个微型内核和容器，支持 OSGi 和 REST。

（3）WebLogic

WebLogic 是美国 BEA 公司（现已经被 Oracle 公司收购）出品的一个基于 Java EE 规范的应用服务器软件，可用于开发、集成、部署和管理大型分布式 Web 应用、网络应用和数据库应用。目前的最新版本为 Oracle Weblogic Server 11g。

（4）Apusic

金蝶 Apusic 应用服务器是金蝶中间件有限公司开发的基于 Java EE 规范并获得 Java EE 国际认证的 Java 应用服务器软件，是为数不多的国产 Java EE 应用服务器软件的优秀代表之一。Apusic 实现了 Java EE 5 规范，可提供数据持久性、Web 服务、高可用性、集群与双机热备、消息传输与路由和跨平台支持。

（5）Tomcat

Tomcat 是 Apache 软件基金会（Apache Software Foundation）的 Jakarta 项目中的一个核心项目。因为 Tomcat 技术先进、性能稳定，而且免费，因而深受 Java 爱好者的喜爱并得到了部分软件开发商的认可，在中小型系统和并发访问用户不是很多的场合下被普遍使用，是开发和调试中小型 Java EE 应用软件的首选。目前最新版本是 7.x，支持 Servlet 3.0 和 JSP 2.2 规范，但不支持 EJB 规范。

其他主流 Java EE 应用服务器软件还有：Oracle GlassFish Server、Apache Geronimo 等。

1.4 Java EE 的相关角色

如果把 Java EE 看作是有别于其他技术路线（例如：微软的.NET）的一个技术阵营，那么这个 Java EE 阵营就包含了承担不同工作的角色，具体如下。

① Java EE 应用服务器开发者：开发符合 Java EE 规范的应用服务器软件，这些软件包括组件容器、Java EE API 的实现等。目前，市场上领先的 Java EE 应用服务器提供商包括 IBM、Oracle 等。还有一些开源社团也在从事 Java EE 应用服务器的开发，例如 Apache、JBoss 等。Java EE 应用服务器提供者可以通过 Java EE 兼容认证来表明其开发的产品是符合 Java EE 规范的。

② Java EE 应用软件开发者：开发、组装和部署基于 Java EE 应用服务器软件的应用软件。这些应用软件可以是一个电子商务网站系统，也可以是一个面向企业的管理信息系统。与 Java EE 应用服务器开发人员不同，Java EE 应用软件开发人员关注与应用软件相关的具体业务需求，并需要熟练掌握如何在 Java EE 应用服务器软件上开发应用组件，例如 Servlet、JavaBean、EJB 等。

③ Java EE 应用系统管理员：配置、监控和管理 Java EE 应用系统的技术人员。这里，Java EE 应用系统包括 Java EE 应用服务器软件、Java EE 应用软件、数据库软件、主机系统、网络基础设施等。由于 Java EE 应用系统技术复杂、规模较大，能否有效顺畅地运行，在很大程度上依赖于管理员的有效管理。Java EE 应用系统管理员一般可通过相关的工具软件，来实现对 Java EE 应用系统的管理。

本教材面向的读者群主要是 Java EE 应用软件开发者，而不是 Java EE 应用服务器开发者。

1.5 Java EE 应用软件的体系结构

Java EE 一般适用于构建企业计算环境。那么什么是企业计算（Enterprise Computing）呢？企业计算涉及异构的分布式计算平台，如从大型主机到 PC 平台、运行各种操作系统（MS Windows，IBM AIX，HP-UX，Linux 等）、运行多种服务应用（包括多厂家的数据库系统和事务处理系统）、存在多种网络协议和标准、需要实现各种遗留系统的集成等。

Java EE 应用软件使用多层的分布式应用模型，应用逻辑按功能划分为组件，各个应用组件根据它们所在的层分布在不同的机器上。一个 Java EE 应用软件的典型四层结构如图 1-2 所示，下面分别介绍各层的功能以及所涉及的技术。

① 运行在客户端的客户层：负责与用户直接交互。Java EE 支持多种客户端，可以是 Web 浏览器，也可以是专用的 Java 客户端。

② 运行在 Java EE 服务器的表示层：该层可以是基于 Web 的应用服务，利用 Java EE 中的 JSP 与 Servlet 技术，响应客户端的请求，并可访问业务逻辑层组件。

③ 运行在 Java EE 服务器的业务逻辑层：主要封装了业务逻辑，完成复杂计算，提供事务处理、负载均衡、安全、资源连接等各种基本服务。开发人员在编写业务逻辑层组件的时候，可以集中注意力于业务逻辑的实现，而不必关心这些基本的服务。

④ 运行在 EIS（Enterprise Information System）服务器上的企业信息系统层：该层包括了企业现有系统（数据库系统、文件系统等）。Java EE 提供了多种技术以访问这些系统，如可以利用 JDBC 技术访问数据库系统。

采用 Java EE 结构为开发人员带来了许多好处：简洁，应用程序可移植性，组件的重复利用，开发复杂应用程序的能力，事务逻辑与表达逻辑的分离，多操作环境的开发，分布式配置，应用程序的协作，与非Java系统的集成，以及指导性资源和开发工具等。随着Internet日益成为主要的商业交易平台，具有可伸缩性、灵活性、易维护性的商务系统是人们关注的焦点。而Java EE恰好提供了这样一个机制。

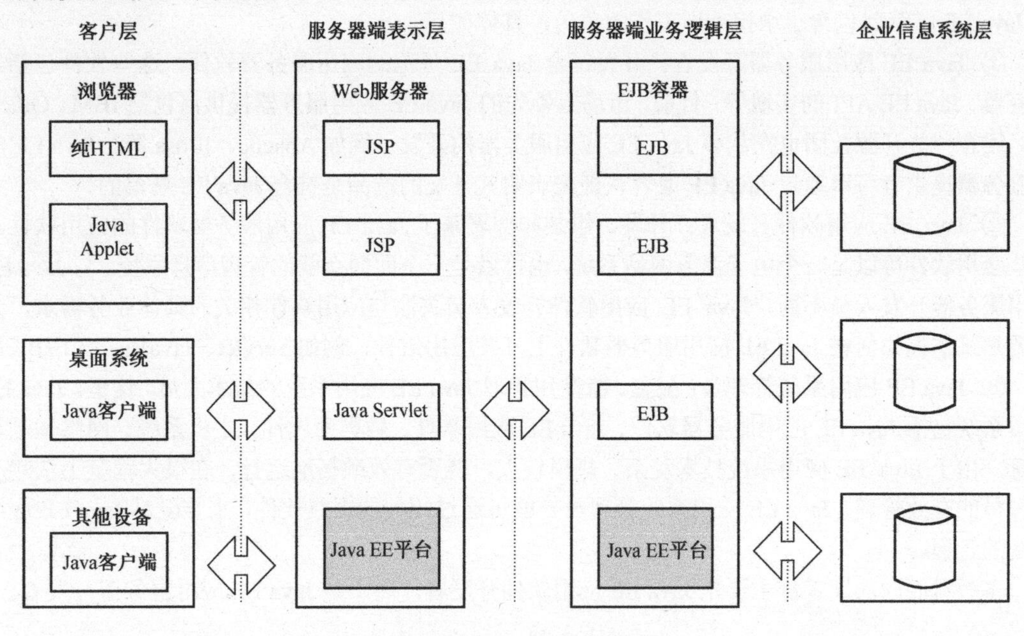

图1-2　Java EE分层模型

1.6　Java EE体系架构的优点

Java EE利用Java平台来简化企业解决方案的开发、部署和管理相关的复杂问题。Java EE不仅巩固了标准版Java SE中的许多优点，例如，“编写一次、随处运行”的特性，方便存取数据库的JDBC API、CORBA技术，以及能够在Internet应用中保护数据的安全模式等，同时还提供了对EJB（Enterprise JavaBeans）、Java Servlets API、JSP（Java Server Pages）及XML技术的全面支持。其最终目的就是成为一个能够使企业开发者大幅缩短投放市场时间的体系结构。具体来说，Java EE体系架构有以下诸多优点。

① 部署代价廉价：Java EE体系结构提供中间层集成框架用来满足无须太多费用而又需要高可用性、高可靠性以及可扩展性的应用的需求。通过提供统一的开发平台，Java EE降低了开发多层应用的费用和复杂性，同时提供对现有应用程序集成强有力支持，完全支持EJB，有良好的向导支持打包和部署应用，添加目录支持，增强了安全机制，提高了性能。

② 保留现存的IT资产：由于企业必须适应新的商业需求，因此，利用已有的企业信息系统方面的投资，而不是重新制定全盘方案就显得很重要。Java EE架构可以充分利用用户原有的投资，如一些公司使用的BEA Tuxedo、IBM CICS、IBM Encina、Inprise VisiBroker以及Netscape Application Server。

③ 高效的开发：Java EE允许公司把一些通用的、很烦琐的服务端任务交给中间件供应商去完成。这样开发人员可以集中精力在如何创建商业逻辑上，从而可大大缩短开发时间。中间件供应商一般提供以下这些复杂的中间件服务：<1> 状态管理服务，让开发人员写更少的代码，不用

关心如何管理状态，这样能够更快地完成程序开发。<2> 持续性服务，让开发人员不用对数据访问逻辑进行编码就能编写应用程序，能生成更轻巧、与数据库无关的应用程序，这种应用程序更易于开发与维护。<3> 分布式共享数据对象 CACHE 服务，让开发人员编制高性能的系统，极大地提高了整体部署的伸缩性。

④ 支持异构环境：Java EE 能够开发部署在异构环境中的可移植程序。基于 Java EE 的应用程序不依赖任何特定操作系统、中间件、硬件。因此设计合理的基于 Java EE 的程序只需开发一次就可部署到各种平台。这在典型的异构企业计算环境中是十分关键的。Java EE 标准也允许客户订购与 Java EE 兼容的第三方的现成的组件，把它们部署到异构环境中，从而节省了由自己制订整个方案所需的费用。

⑤ 可伸缩性：企业必须要选择这样一种服务器端平台：这种平台应能提供极佳的可伸缩性去满足那些在它们系统上进行商业运作的大批新客户。Java EE 平台提供了广泛的负载平衡策略，能消除系统中的瓶颈，允许多台服务器集成部署。这种部署可达数千台处理器，从而实现高度可伸缩，以满足未来商业应用的需要。

1.7 思考练习题

1. 请区分 Java EE 平台、Java EE 应用服务器软件、Java EE 应用软件。
2. 使用 Java EE 平台开发应用软件有什么优势？
3. 请列举一些基于 Java EE 平台开发时经常需要涉及的核心应用组件和 API 服务。
4. Java EE 应用软件的分层模型包括哪几部分？每部分承担什么样的职责？

第 2 章　Web 开发基础

Java EE 技术可用于构建大中型信息系统软件，特别是各种基于 Web 的应用软件系统（包括各种网站系统）。本章主要介绍有关 Web 开发的相关技术基础，包括浏览器技术、Web 服务器技术以及 HTTP 协议。

2.1　浏览器

在进行 Web 开发的时候，离不开对浏览器的了解。那么，什么是浏览器？浏览器（browser）是 Web 信息的客户端浏览程序。通过浏览器可向 Web 服务器发送各种请求，并对从服务器发回的超文本信息和各种多媒体数据格式进行解释、显示和播放。

浏览器主要通过 HTTP 协议与 Web 服务器交互并获取网页，这些网页由 URL 指定，文件格式通常为 HTML。一个网页可以包括多个文档，每个文档都是分别从服务器获取的。大部分浏览器可支持除 HTML 之外的其他格式，如 JPEG、PNG、GIF 等图像格式，并且能够通过插件（plug-ins）扩展支持更多其他格式。另外，许多浏览器还支持其他的 URL 类型及其相应的协议，如 FTP、Gopher、HTTPS（HTTP 协议的加密版本）。

个人计算机上常见的浏览器包括微软的 Internet Explorer、Mozilla 的 Firefox、Apple 的 Safari、Google 的 Google Chrome、Opera、HotBrowser、360 安全浏览器、搜狗浏览器、傲游浏览器等。

世界上首个浏览器起源于 Tim Berners-Lee 于 1990 年在 CERN（欧洲核子研究组织）发明的 World Wide Web。当时，网页浏览器被视为能够处理 CERN 庞大电话簿的实用工具。在与用户互动的前提下，网页浏览器根据 Gopher 和 Telnet 协议，允许所有用户能轻易地浏览别人所编写的网站。随后出现的 NCSA Mosaic 使互联网得以迅速发展。Mosaic 最初是一个只能在 UNIX 操作系统中运行的图像浏览器，后来便很快发展到在 Apple Macintosh 和 Microsoft Windows 中亦能运行。1993 年 9 月，Mosaic 1.0 版本发布。

1994 年 10 月，网景公司（Netscape）发布了名为 Navigator 的著名的浏览器软件。错失了互联网浪潮的微软公司在这个时候通过购入其他公司的技术，匆匆发布了名为 Internet Explorer 的浏览器软件，由此掀起了软件巨头微软和网景之间的浏览器大战，这极大地加快了互联网的发展。1998 年，网景公司承认其市场占有率已无法挽回，这场战争便随之结束。微软能取胜的其中一个因素是它把浏览器与其操作系统一并出售，这亦使它面对反垄断诉讼。

浏览器之战失利以后，网景公司为了挽回市场，在 1998 年将大部分浏览器代码向世人开放，并通过成立 Mozilla 组织开发下一代浏览器：Mozilla，但此举未能挽回公司的市场占有率。1998 年底，美国在线收购了网景公司。而经过以后多年的发展，Mozilla 逐步成为一个稳定而强大的互联网套件。2002 年，从 Mozilla 套装软件中衍生出了 Phoenix 浏览器软件，后改名 Firebird，最后又改名为 Firefox，即火狐。Firefox 1.0 于 2004 年发表。

Opera 浏览器发布于 1996 年，其可支持多种操作系统，如 Windows、Linux、Mac、FreeBSD、Solaris 等。目前它在手机上十分流行，被广泛使用在 Windows Mobile 和 Android 等手机操作系统上，但它在个人计算机网络浏览器市场上的占有率则较小。

Google Chrome，又称 Google 浏览器，是一个由 Google（谷歌）公司开发的开放源代码网页浏览器，可支持 Windows、Linux 和 Mac 等操作系统，最初于 2008 年发布。该浏览器基于其他开放源代码软件编写，包括 WebKit 和 Mozilla，目标是提升稳定性、速度和安全性，并创造出简单且有效率的使用者界面。

2.2 Web 服务器

WWW 是 Internet 的多媒体信息查询工具，是 Internet 上发展最快和目前使用最广泛的服务。正是因为有了 WWW，才使得 10 多年来 Internet 得以迅速发展，且用户数量飞速增长。

WWW 服务离不开 Web 服务器。通俗地讲，Web 服务器专门处理 HTTP 请求，并传送页面至客户端使客户端浏览器可以浏览。当 Web 服务器接收到一个 HTTP 请求后，会返回一个 HTTP 响应，例如送回一个 HTML 页面。为了处理一个请求，Web 服务器可以响应一个静态页面或图片，进行页面跳转，或者把动态响应的产生委托给一些其他的程序，例如：CGI 脚本、JSP（JavaServer Pages）代码、Servlets、ASP（Active Server Pages）代码，或者一些其他的服务器端技术。这些服务器端的程序通常产生一个包含 HTML 页面的响应来让客户端的浏览器可以浏览。这里，Web 服务器的代理模型非常简单：当一个请求被送到 Web 服务器时，Web 服务器只单纯地把请求传递给可以很好地处理请求的服务器端脚本（代码）。Web 服务器仅仅提供一个可以执行服务器端程序和返回该程序所产生的响应的环境，通常具有事务处理、数据库连接和消息传输等功能。

在 UNIX 和 LINUX 平台下使用最广泛的 Web 服务器是 Apache 服务器，而 Windows 平台则是 IIS（Internet Information Services）服务器。下面介绍这两种最常用的 Web 服务器。

（1）Microsoft IIS

Microsoft 的 Web 服务器产品为 Internet Information Server，简称为 IIS。IIS 是目前最流行的 Web 服务器产品之一，很多著名的网站都是建立在 IIS 之上的。IIS 提供了一个图形界面的管理工具，称为 Internet 服务管理器，可用于监视配置和控制 Internet 服务。同时，IIS 是一种 Web 服务组件，其中包括 Web 服务器、FTP 服务器、NNTP 服务器和 SMTP 服务器，分别用于网页浏览、文件传输、新闻服务和邮件发送等方面。IIS 提供 ISAPI（Internet Service API）作为扩展 Web 服务器功能的编程接口，同时，它还提供一个 Internet 数据库连接器，可以实现对数据库的查询和更新。

（2）Apache HTTP Server

Apache 是目前世界上用得最多的 Web 服务器软件。它源于 NCSA httpd 服务器，其成功之处主要在于它的源代码开放、有一支开放的开发队伍、支持跨平台的应用（可以运行在几乎所有的 UNIX、Windows、Linux 系统平台上）以及它的可移植性等方面。

下面简单介绍如何配置和使用 Apache HTTP Server。

Apache HTTP Server 可从官方网站 http://projects.apache.org/projects/http_server.html 下载。下载后，按要求完成安装。其中的 ServerName 可以输入 IP 地址，Network Domain 和管理员 E-mail 地址可以输入任意虚拟的域名和 E-mail 地址。启动 Apache HTTP Server，在浏览器中输入：http://localhost，如显示“It works!”界面，则表示安装成功。

需要特别注意的是：在 Apache HTTP Server 的 conf 目录中有 httpd.conf 文件，记录了所有相关的配置信息。其中 DocumentRoot 表示了存放网页文档的具体目录（可修改至任意目录），Listen 表示 HTTP 端口号（可修改至 1024 以上的端口号，但不能与已有端口号冲突）。具体的配置说明可参见官方网站的相关文档。

2.3 HTTP

2.3.1 HTTP 简介

超文本传输协议（HyperText Transfer Protocol，HTTP）是互联网上应用最为广泛的一种网络协议，该协议由万维网协会（World Wide Web Consortium）和 Internet 工作小组（Internet Engineering Task Force）合作制定。这两大组织发布的 RFC 2616 定义了我们今天普遍使用的一个 HTTP 版本：HTTP 1.1。

HTTP 是一个描述客户端和服务器端之间如何实现请求和应答的标准，采用了请求/响应模型。一般来说，客户端是终端用户；服务器端可以是一个网站，一般存储着一些资源，如 HTML 文件和图像。HTTP 服务器在某个指定端口（默认端口号为 80）监听客户端发送过来的请求。通过使用 Web 浏览器、网络爬虫或者其他的工具，HTTP 客户端发起一个到 HTTP 服务器上指定端口的 HTTP 请求。然后，HTTP 客户端与 HTTP 服务器指定端口之间建立一个 TCP 连接。紧接着，服务器（向客户端）发回一个状态行，如“HTTP/1.1 200 OK”，以及具体响应的消息。消息的消息体可能是请求的文件、错误消息，或者是其他一些信息。

HTTP 协议的主要特点可概括如下。

① 简单快速：客户向服务器请求服务时，只需要传送请求方法和路径。由于 HTTP 协议简单，使得 HTTP 服务器的程序规模小，因而通信速度很快。

② 灵活：HTTP 允许传输任意类型的数据对象。正在传输的类型由 Content-Type 加以标记。

③ 无连接：无连接的含义是，限制每次连接只处理一个请求。服务器处理完客户的请求，并收到客户的应答后，即断开连接。采用这种方式可以节省传输时间。

④ 无状态：HTTP 协议是无状态协议。无状态是指协议对于事务处理没有记忆能力。缺少状态意味着如果后续处理需要前面的信息，则它必须重传，这样可能导致每次连接传送的数据量增大。另一方面，在服务器不需要先前信息时它的应答就较快。

2.3.2 统一资源定位地址

我们在浏览器的地址栏里输入的网站地址叫做 URL（Uniform Resource Locator，统一资源定位地址）。就像每家每户都有一个门牌地址一样，每个网页也都有一个 Internet 地址。在浏览器的地址框中输入一个 URL 或是单击一个超链接时，URL 就确定了要浏览的地址。

URL 是一种特殊类型的 URI（Uniform Resource Identifier，通用资源标识符），包含用于在 Internet 上查找某个互联网资源的足够的信息。URL 的格式如下：

http://host[":"port][abs_path]

http 表示要通过 HTTP 协议来定位网络资源。host 表示合法的 Internet 主机域名或者 IP 地址。port 指定一个端口号，为空则使用默认端口 80。abs_path 指定请求资源的 URI。

下面是一个关于 URL 的具体例子：http://www.abcxyz.com/china/index.htm。其中：

① http://代表超文本传输协议，通知 abcxyz.com 服务器显示 Web 页，通常无须输入。

② www 代表一个 Web（万维网）服务器。

③ abcxyz.com/代表存有网页的服务器域名。

④ china/代表该服务器上的子目录。

⑤ index.htm 代表一个 HTML 文件（网页）。

2.3.3 HTTP 请求

HTTP 请求由 3 部分组成，分别是：请求行（request-line）、消息报头（headers）、请求正文（body）：

```
request-line
headers（0 个或多个）
<空行>
body（只对 POST 操作有效）
```

请求行以一个方法符号开头，以空格分开，后面跟着请求的 URI 和协议的版本，格式如下：

Method Request-URI HTTP-Version CRLF

其中 Method 表示请求方法，Request-URI 是一个通用资源标识符，HTTP-Version 表示请求的 HTTP 协议版本，CRLF 表示回车和换行。

请求方法（所有方法名全为大写）有多种，各个方法的解释如下。

- GET：请求获取 Request-URI 所标识的资源。
- POST：在 Request-URI 所标识的资源后附加新的数据。
- HEAD：请求获取由 Request-URI 所标识的资源的响应消息报头。
- PUT：请求服务器存储一个资源，并用 Request-URI 作为其标识。
- DELETE：请求服务器删除 Request-URI 所标识的资源。
- TRACE：请求服务器回送收到的请求信息，主要用于测试或诊断。
- CONNECT：保留将来使用。
- OPTIONS：请求查询服务器的性能，或者查询与资源相关的选项和需求。

通过在浏览器的地址栏中输入网址的方式访问网页时，浏览器采用 GET 方法向服务器获取资源，例如：GET /form.html HTTP/1.1 (CRLF)。

POST 方法要求被请求服务器接收附在请求后面的请求正文数据，常用于提交表单。例如：

```
POST /reg.jsp HTTP/ (CRLF)
Accept:image/gif,image/x-xbit,... (CRLF)
...
HOST:www.guet.edu.cn (CRLF)
Content-Length:22 (CRLF)
Connection:Keep-Alive (CRLF)
Cache-Control:no-cache (CRLF)
(CRLF)                          //该 CRLF 表示消息报头已经结束，在此之前为消息报头
user=jeffrey&pwd=1234           //此行以下为提交的请求正文数据
```

HEAD 方法与 GET 方法几乎是一样的，对于 HEAD 请求的回应部分来说，它的 HTTP 头部包含的信息与通过 GET 请求所得到的信息是相同的。利用这个方法，不必传输整个资源内容，就可以得到 Request-URI 所标识的资源的信息。该方法常用于测试超链接的有效性，是否可以访问，以及最近是否更新。

关于 HTTP 请求的消息报头，请见后文介绍。

2.3.4 HTTP 响应

在接收和解释请求消息后，HTTP 服务器返回一个 HTTP 响应消息。HTTP 响应消息也是由 3 部分组成的，分别是：状态行（status-line）、消息报头（headers）、响应正文（body）。

```
status-line
headers（0个或多个）
<空行>
body
```

其中，状态行格式如下：

```
HTTP-Version Status-Code Reason-Phrase CRLF
```

其中，HTTP-Version 表示服务器 HTTP 协议的版本，Status-Code 表示服务器发回的响应状态代码，Reason-Phrase 表示状态代码的文本描述。

状态代码由 3 位数字组成，第一个数字定义了响应的类别，且有 5 种可能取值：

- 1xx：指示信息。表示请求已接收，继续处理。
- 2xx：成功。表示请求已被成功接收、理解、接受。
- 3xx：重定向。要完成请求必须进行更进一步的操作。
- 4xx：客户端错误。请求有语法错误或请求无法实现。
- 5xx：服务器端错误。服务器未能实现合法的请求。

下面是常见的状态代码、状态描述示例：

- 200 OK——客户端请求成功。
- 400 Bad Request——客户端请求有语法错误，不能被服务器所理解。
- 401 Unauthorized——请求未经授权。
- 403 Forbidden——服务器收到请求，但是拒绝提供服务。
- 404 Not Found——请求资源不存在，如输入了错误的 URL。
- 500 Internal Server Error——服务器发生不可预期的错误。
- 503 Server Unavailable——服务器当前不能处理客户端的请求，一段时间后可能恢复正常。

举例：HTTP/1.1 200 OK（CRLF）

关于 HTTP 响应的消息报头，请见文后的介绍。而 HTTP 的响应正文就是服务器返回的资源内容。

2.3.5 HTTP 的消息报头

HTTP 消息分为客户端到服务器的请求消息和服务器到客户端的响应消息。请求消息和响应消息都是由开始行（对于请求消息，开始行就是请求行，对于响应消息，开始行就是状态行）、消息报头（可选）、空行（只有 CRLF 的行）和消息正文（可选）组成的。其中，HTTP 消息报头分为普通报头、请求报头、响应报头和实体报头 4 类，而每个报头域都是由“名字”+“：”+空格+“值”组成，消息报头域的名字不区分大小写。

1．普通报头

普通报头一般可用于所有的请求和响应消息。下面是一些常见的普通报头域。

① Cache-Control 普通报头域：用于指定缓存指令，缓存指令是单向的（响应中出现的缓存指令在请求中未必会出现），且是独立的（一个消息的缓存指令不会影响另一个消息处理的缓存机制）。

请求时的缓存指令包括：no-cache（用于指示请求或响应消息不能缓存）、no-store、max-age、max-stale、min-fresh、only-if-cached；响应时的缓存指令包括：public、private、no-cache、no-store、no-transform、must-revalidate、proxy-revalidate、max-age、s-maxage。

例如：为了指示 IE 浏览器（客户端）不要缓存页面，服务器端的 JSP 程序可以编写如下：response.setHeader("Cache-Control","no-cache");

该代码将在发送的响应消息中设置普通报头域：Cache-Control:no-cache。

② Date 普通报头域：表示消息产生的日期和时间。

③ Connection 普通报头域：允许发送指定连接的选项。例如指定连接是连续的，或者指定"close"选项，通知服务器，在响应完成后，关闭连接。

2. 请求报头

请求报头允许客户端向服务器端传递请求的附加信息以及客户端自身的信息。下面是一些常用的请求报头域。

① Accept 请求报头域：用于指定客户端接收哪些类型的信息。例如：Accept：image/gif，表明客户端希望接收 GIF 图像格式的资源；Accept：text/html，表明客户端希望接收 html 文本。

② Accept-Charset 请求报头域：用于指定客户端接收的字符集。例如：Accept-Charset: iso-8859-1,gb2312。如果在请求消息中没有设置这个域，默认是任何字符集都可以接收。

③ Accept-Encoding 请求报头域：类似于 Accept，但是它是用于指定可接收的内容编码。例如：Accept-Encoding:gzip.deflate。如果请求消息中没有设置这个域服务器，可假定客户端对各种内容编码都可以接收。

④ Accept-Language 请求报头域：类似于 Accept，但它用于指定一种自然语言。例如：Accept-Language:zh-cn。如果请求消息中没有设置这个报头域，服务器假定客户端对各种语言都可以接收。

⑤ Authorization 请求报头域：主要用于证明客户端有权查看某个资源。当浏览器访问一个页面时，如果收到服务器的响应代码为 401（未授权），可以发送一个包含 Authorization 请求报头域的请求，要求服务器对其进行验证。

⑥ Host 请求报头域：主要用于指定被请求资源的 Internet 主机和端口号，它通常是从 HTTP URL 中提取出来的。发送请求时，该报头域是必需的。例如，在浏览器中输入 http://www.hdu.edu.cn/index.html，则在浏览器发送的请求消息中，就会包含 Host 请求报头域 Host：www.hdu.edu.cn。

⑦ User-Agent 请求报头域：允许客户端将它的操作系统、浏览器和其他属性告诉服务器。

请求报头举例：

```
GET /form.html HTTP/1.1 (CRLF)
Accept:image/gif,image/x-xbitmap,image/jpeg,application/x-shockwave-flash,application/vnd.ms
-excel,application/vnd.ms-powerpoint,application/msword,*/* (CRLF)
Accept-Language:zh-cn (CRLF)
Accept-Encoding:gzip,deflate (CRLF)
If-Modified-Since:Wed,05 Jan 2007 11:21:25 GMT (CRLF)
If-None-Match:W/"80b1a4c018f3c41:8317" (CRLF)
User-Agent:Mozilla/4.0(compatible;MSIE6.0;Windows NT 5.0) (CRLF)
Host:www.hdu.edu.cn (CRLF)
Connection:Keep-Alive (CRLF)
(CRLF)
```

3. 响应报头

响应报头允许服务器传递不能放在状态行中的附加响应信息，以及关于服务器的信息和对 Request-URI 所标识的资源进行下一步访问的信息。下面是一些常用的响应报头域。

① Location 响应报头域：用于重定向接收者到一个新的位置。Location 响应报头域常用在更换域名的时候。

② Server 响应报头域：包含服务器用来处理请求的软件信息，与 User-Agent 请求报头域相互对应。例如：Server：Apache-Coyote/1.1。

③ WWW-Authenticate 响应报头域：必须被包含在 401（未授权的）响应消息中。客户端收到 401 响应消息，并发送 Authorization 报头域请求服务器对其进行验证时，服务端响应报头就包含该报头域。

4．实体报头

HTTP 的请求和响应消息都可以传送一个实体。一个实体由实体报头域和实体正文组成，但并不是说实体报头域和实体正文要在一起发送，可以只发送实体报头域。实体报头定义了关于实体正文和请求所标识的资源的元信息。

下面是一些常用的实体报头域。

① Content-Encoding 实体报头域：被用作媒体类型的修饰符，它的值指示已经被应用到实体正文的附加内容的编码，因而要获得 Content-Type 报头域中所引用的媒体类型，必须采用相应的解码机制。Content-Encoding 可用于记录文档的压缩方法。例如：Content-Encoding：gzip。

② Content-Language 实体报头域：描述了资源所用的自然语言。没有设置该域，则认为实体内容将提供给所有的语言阅读者。

③ Content-Length 实体报头域：用于指明实体正文的长度，以字节方式存储的十进制数字来表示。

④ Content-Type 实体报头域：用于指明发送给接收者的实体正文的媒体类型。例如：Content-Type:text/html;charset=ISO-8859-1，Content-Type:text/html;charset=GB2312。

⑤ Last-Modified 实体报头域：用于指示资源的最后修改日期和时间。

⑥ Expires 实体报头域：给出响应过期的日期和时间。为了让代理服务器或浏览器在一段时间以后更新缓存中（再次访问曾访问过的页面时，直接从缓存中加载，以便缩短响应时间和降低服务器负载）的页面，可以使用 Expires 实体报头域指定页面过期的时间。例如：Expires：Thu, 15 Sep 2010 16:23:12 GMT。

2.3.6 HTTP 请求和响应示例

作为示例，本节使用 HttpWatch 工具查看在 IE 浏览器中提交的 HTTP 请求信息和获得的 HTTP 响应信息。HttpWatch 是一款网页数据分析工具，能够在显示网页的同时显示网页请求和响应的 HTTP 信息，既可支持 Internet Explorer，也可支持 Firefox。

HttpWatch 可从 www.httpwatch.com 下载，这里使用的是 HttpWatch Professional Edition Version 6，并以 Internet Explorer 为例。下载安装完成后，Internet Explorer 的“工具”菜单项中新增了“HttpWatch Professional”菜单项。单击该菜单项后，可发现在 Internet Explorer 浏览器的下部出现了 HttpWatch 窗口。单击其中的“Record”按钮，即可启动 HttpWatch 的记录功能。此时，如在 IE 地址栏中输入某个网站地址，HttpWatch 就会显示对应的 HTTP 信息交互情况。

以输入 www.baidu.com 为例，对应的屏幕截图如图 2-1 所示。

单击 HttpWatch 窗口中上半部分代表 http://www.baidu.com 的请求行，HttpWatch 窗口的下半部分显示对应请求的相关信息，包括信息概览（Overview）、时间线（Time Chart）、请求报头和响应报头（Headers）、Cookies、缓存（Cache）、请求字符串（Query String）、POST 响应正文（POST Data）、内容（Content）和 HTTP 流信息（Stream）。单击其中的“Stream”面板，即可显示具体的 HTTP 请求消息和 HTTP 响应消息。

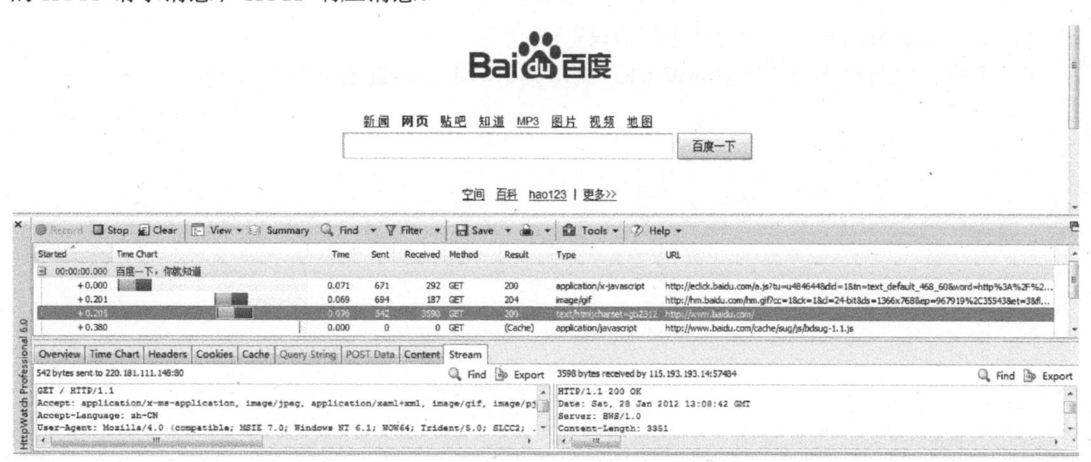

图 2-1　HttpWatch 运行截图

对应 http://www.baidu.com 请求的 HTTP 请求消息为：

```
GET / HTTP/1.1
Accept: application/x-ms-application, image/jpeg, application/xaml+xml, image/gif, image/pjpeg, application/x-ms-xbap, application/vnd.ms-excel, application/vnd.ms-powerpoint, application/msword, */*
Accept-Language: zh-CN
User-Agent:Mozilla/4.0 (compatible; MSIE 7.0; Windows NT 6.1; WOW64; Trident/5.0; SLCC2; .NET CLR 2.0.50727; .NET CLR 3.5.30729; .NET CLR 3.0.30729; .NET4.0C; MASP)
Accept-Encoding: gzip, deflate
Host: www.baidu.com
Connection: Keep-Alive
Cookie: BAIDUID=B5B35B28B871E04E0D725809C43F31CD:FG=1
```

对应上述请求的 HTTP 响应信息（已略去响应正文）为：

```
HTTP/1.1 200 OK
Date: Sat, 28 Jan 2012 13:08:42 GMT
Server: BWS/1.0
Content-Length: 3351
Content-Type: text/html;charset=gb2312
Cache-Control: private
Expires: Sat, 28 Jan 2012 13:08:42 GMT
Content-Encoding: gzip
Connection: Keep-Alive
```

2.4　思考练习题

1．浏览器通常具有哪些功能？下载、安装和使用 Internet Explorer、Firefox 和 Google Chrome 三款浏览器，比较它们的不同。

2．下载、安装和练习使用 Apache HTTP Server 软件。

3．请举例说明浏览器和 Web 服务器之间发生的一次 HTTP 交互过程。

4．HTTP 请求中的 GET 方法与 POST 方法有什么不同？

5．为什么说 HTTP 是一个无状态的协议？

6．下载、安装和练习使用 HttpWatch，浏览某个网页，检查相关的 HTTP 请求和响应消息。

第 3 章　XHTML 和 CSS

HTML 是一种标准，它通过标记符号来标记要显示的网页中的各个部分。网页的本质就是 HTML，或者可以说万维网就是建立在 HTML 基础之上的。XHTML 与 HTML 类似，不过语法上更加严格。CSS 可用来进行网页风格设计。无论是 XHTML，还是 CSS，都是 Web 编程的基础。本章主要介绍如何利用 XHTML 和 CSS 编写 Web 网页。

3.1　XHTML 概述

XHTML 是 Extensible HyperText Markup Language 的缩写，即“可扩展超文本置标语言”。它的目标是取代 HTML。从某种意义上讲，它是一种增强了的 HTML，它的可扩展性和灵活性将适应未来网络应用更多的需求。

3.1.1　XHTML 的形成和发展

HTML 是一种基本的 Web 网页设计语言，而 XHTML 则是一个基于 XML 的用于网页设计的置标语言。看起来 XHTML 与 HTML 有些相像，但有一些小的却很重要的区别。关于 XHTML 与 HTML 的区别，我们将在本节的后面进行介绍。简单地说，XHTML 是一个扮演着类似 HTML 角色的 XML，它结合了 XML 的强大功能及大多数 HTML 的简单特性。

HTML（XHTML）的最初目的是在不同种类的计算机上显示文档。最早使用 SGML（Standard Generalized Markup Language，标准通用置标语言）定义 HTML。在 XHTML 之前，HTML 经历了如下的发展历史。

① HTML2.0：1995 年 11 月作为 RFC 1866 发布，于 2000 年 6 月在 RFC 2854 发布之后被宣布已经过时；

② HTML3.2：1996 年 1 月 14 日，成为 W3C（World Wide Web Consortium）推荐标准；

③ HTML4.0：1997 年 12 月 18 日，成为 W3C 推荐标准；

④ XHTML1.0：2000 年年底由 W3C 组织公布发行，经修订后于 2002 年重新发布。

目前，作为 HTML 下一个主要的修订版本：HTML5[①]，仍处于发展阶段。

3.1.2　XML 概述

在具体了解 XHTML 之前，我们有必要先了解一下什么是 XML。XML，即可扩展置标语言（Extensible Markup Language），是一种元置标语言，它提供了一个框架，根据这个框架可以定义众多的用于特定领域的置标语言。而 HTML 则是一种描述一般信息布局的置标语言，并指示了这些信息怎样在浏览器中显示。HTML 本身可以被定义成一种 XML。XHTML 就是基于 XML 的 HTML 版本。

---

① http://www.w3.org/TR/html5/。

XML 文档是基于文本的，由标记和内容组成。标记让 XML 处理器知道如何去处理内容，以及它们是如何组织的。内容是字符数据，可以在打印或显示的页面中看到它们。XML 文档中有以下 6 种标记。

元素。元素是最常见的标记形式，它确定了所包含的内容。在 XML 中，我们用标签标记元素，一个起始标签标记了元素的开始，一个结束标签标记了元素的结束。XML 元素以父子关系相互联系。它可以有不同的内容类型，可以有元素内容、混合内容、简单内容，还可以有属性。每个 XML 文档定义了一个单独的根元素，该根元素的起始标签必须出现在 XML 代码的第一行。文档中所有其他的元素必须嵌套在根元素中。

属性。属性是出现在元素的第一个标签中位于元素名称后的名称-值对。属性提供了有关元素的额外信息。属性值必须使用单引号或双引号括起来，如果属性本身包含双引号，那么有必要使用单引号包围它。

实体引用。实体引用可用于插入保留字符或任意的 unicode，也用于重复或变化的文本，或包含外部文件的内容。实体引用以“&”开始，以“;”结束。XML 规范预定义了 5 种保留的实体引用：

- < 代表 <（小于）
- > 代表 >（大于）
- " 代表 "（引用）
- ' 代表 '（省略号）
- & 代表 &（和号）

注释。它并不是 XML 原文内容的一部分，以“<!--”开始，以“-->”结束。XML 处理器不需要将注释传给应用程序。

数据处理指令（PIs）。PIs 不是 XML 文档的原文内容，但 XML 的处理器需将它传递给应用程序。

CDATA。指示解析器忽略大多数标签，该部分封装了一些源代码。

3.1.3 XHTML 文档结构

知道了什么是 XML，我们就可以进一步了解 XHTML 文档了。XHTML 的文档由 3 部分组成：声明、头部和主体。其中头部和主体组成文档部分。

（1）声明部分

```
<?xml version = "1.0" encoding="utf-8" ?>
<!DOCTYPE html PUBLIC "-//w3c//DTD XHTML 1.1//EN" http://www.w3.org/TR/xhtml11/ DTD
/xhtml11.dtd>
```

其中，<! DOCTYPE> 定义了文档使用的 DTD 版本、类型、下载位置等。声明部分位于 XHTML 文档的首行。

（2）文档部分

文档部分由<html>…</html>定义。这是 HTML 文档的起始标签和结束标签，所有 XHTML 文档内容都应该放在这个标签之间。<html>标签可带 xmlns 属性：

<html xmlns="http://www.w3.org/1999/xhtml">

该属性声明了命名空间，书写时可以省略，此时系统会自动添加它。

文档头部：由 <head>…</head> 定义的部分。这部分内容主要用来定义文档的相关信息，如文档标题、说明信息、样式定义、脚本代码等。

说明：书写在头部的信息是不会显示在页面上的。

文档主体：由 <body>…</body> 定义的部分。这部分内容就是要展示给用户的部分。它可以包含文本、图片、音频、视频等各种内容。

创建一个简单的 XHTML 文档（新建一个文本文档，重命名为.html 文件，使用记事本编辑，保存后使用浏览器打开）：

```
<!DOCTYPE html PUBLIC "-//w3c//DTD XHTML 1.1//EN"
http://www.w3.org/TR/xhtml11/DTD/ xhtml11.dtd>
<html>
<head>
<title>网页标题--示例文档</title>
</head>
<body>显示在浏览器中的内容</body>
</html>
```

图 3-1　XHTML 文档示例

上面的示例代码运行结果如图 3-1 所示。

注意：在本章后续出现的所有示例中将省略对声明的书写，直接从文档部分开始编写。

3.1.4　XHTML 文档的基本语法

① 元素（Element）通过标签（tag）定义。标签的格式：起始标签<name>，结束标签</name>。例如：<p>this is extremely simply</p>。某些标签可以不需要内容，表示为<name/>。起始标签可放置属性。

② 注释<!-- … -->。例如：

```
<!--whatever you want to say -->
```

③ 浏览器忽略注释、无法识别的标签、换行、空格和 tabs

④ XHTML 元素必须被正确地嵌套。

错误举例：

```
<b><i>This text is bold and italic</b></i>
```

正确的元素嵌套示例如下：

```
<b><i>This text is bold and italic</i></b>
```

在 XHTML 中还有一些严格的强制嵌套限制，这些限制包括以下几点：

- <a>元素中不能包含其他<a>元素。
- <pre>元素中不能包含<object>、<big>、<img>、<small>、<sub>或<sup>元素等。
- <button>元素中不能包含<input>、<textarea>、<label>、<select>、<button>、<form>、<iframe>、<fieldest>或<isindex>元素等。
- <label>元素中不能包含其他的<label>元素。
- <form>元素中不能包含其他的<form>元素。

⑤ 元素必须要封闭。在 XHTML 中，所有的页面元素都要有相应的结束元素。例如，<body>对应的结束元素是</body>。其中独立的元素（如
等）也必须要结束，方法是在元素的右尖括号前加入“/”来结束元素，如
就是
结束后的写法。如果元素中还有属性，则“/”出现在所有属性的后面。示例代码如下：

```
<img src="pic.jpg"/>
```

⑥ 属性必须加上双引号。在 XHTML 中，所有的属性都必须加上双引号，包括数值也都必须加上双引号。示例代码如下：

```
<table width="400">
```

⑦ 明确所有的属性值。XHTML 规范规定每个属性必须有一个值，没有值的属性也要用自己的名称作为值。例如，在 HTML 中 checked 属性是可以不取值的，但是在 XHTML 中必须要用自己的名称作为值，示例代码：

```
<input type="checkbox"  name="box1"  value="abc"  checked="checked" />
```

⑧ 属性名必须小写。

⑨ 属性不能简写。

错误示例代码：

```
<input checked>
<input readonly>
```

正确示例代码：

```
<input checked="checked" />
<input readonly="readonly" />
```

⑩ 特殊字符要用编码表示。在 XHTML 页面内容中，所有的特殊字符都要用编码（实体引用）表示。"&"必须用"&"的形式表示，例如下面的 HTML 代码：

```
<img src="pic.jpg" src="abc & def"/>
```

在 XHTML 中必须要写成

```
<img src="pic.jpg" src="abc &amp def" />
```

3.1.5 XHTML 和 HTML 的区别

XHTML 可以认为是 XML 版本的 HTML。为符合 XML 要求，相比 HTML，XHTML 在语法上的要求更严谨些。两者之间主要的区别有以下几点。

- XHTML 要求正确嵌套。
- XHTML 所有元素必须关闭。
- XHTML 区分大小写。
- XHTML 属性值要用双引号。
- XHTML 用 id 属性代替 name 属性。
- XHTML 特殊字符的处理。
- XHTML 所有元素必须关闭。

以上这些特点，在 XHTML 的基本语法中已经详细讲解过，在此不再重复。这是我们从协议的角度来看 XHTML 与 HTML 之间的区别。如果从呈现 XHMTL 网页的浏览器的角度看，则上述的这些特点并不是如此严格。

- XHTML 要求正确嵌套：如果没有嵌套，浏览器会试图帮嵌套。
- XHTML 所有元素必须关闭：如果没有关闭，浏览器会试图帮关闭。
- XHTML 区分大小写：XHTML 中所有的标签都使用小写，即使写成大写，浏览器也会转换成小写。
- 属性值要用双引号：如果书写时没写，浏览器会自动加上。

● 特殊字符的处理：You & Me 也好，You & Me 也好，浏览器都能读入。

● 用 id 属性代替 name 属性：非要用 name 也可以。

除了以上的区别外，HTML 处理器甚至不对某些 HTML 语法进行检查，而 XHTML 文档的语法正确与否则可以检查。

3.2 XHTML 常用标签

3.2.1 段落标签

段落标签表示段落的换行。常用的段落标签有：p、br、pre 和 hr。

<p>和</p>是配对使用的，用来划分段落。在换行的时候另起了一个新的段落。每行字符的多少随浏览器的大小而变化。代码示例如下：

```
<html>
  <head> <title>第一个示例文档</title></head>
  <body>
    <p> 欢迎学习 XHTML，我们将尽心讲解!!! </p>
  </body>
</html>
```


表示强制换行，即中断当前行而另起一行，但是新行与上一行是属于同一段的，与上一行保持了相同的属性。
标签没有配对的结束标签，可以单独使用。

下面是一个使用了以上两个标签的示例：

```
锄禾日当午 <p> 汗滴禾下土</p> <br />
谁知盘中餐 <br /> 粒粒皆辛苦
```

以上代码的显示结果如图 3-2 所示。

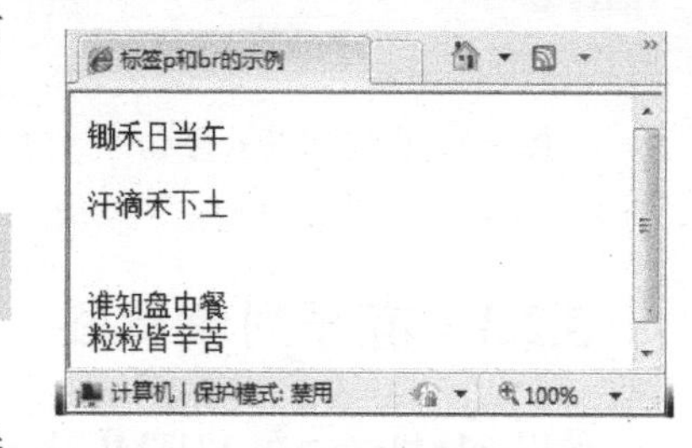

图 3-2　段落标签示意（1）

预格式化标签<pre>和</pre>之间输入的内容将在浏览器中按原格式毫无变化地显示出来。

除了以上段落标签外，修饰段落还可以使用标签<hr />。标签<hr />单独使用，实现段落的换行，并绘制一条水平直线，在直线的上下两段留出一定的空白。我们可以使用【style】属性设置水平直线的长度和粗细：

width：设置水平线的长度，取值可以是以像素为单位的具体数值，也可以是相对于其父宽度的百分数值；

height：设置水平线的粗细，单位是像素。

示例代码如下：

```
<hr style="width:80% ; height:3pt ;" />
```

其结果是绘制一条宽度为父标签宽度的 80%，粗细为 3 个像素的水平线。示例代码如下：

```
<html>
<head><title>标签 hr 的示例</title></head>
<body>
<p>hr 示例<hr style="width:80% ; height:3pt ;" /></p>
</body>
</html>
```

结果如图 3-3 所示。

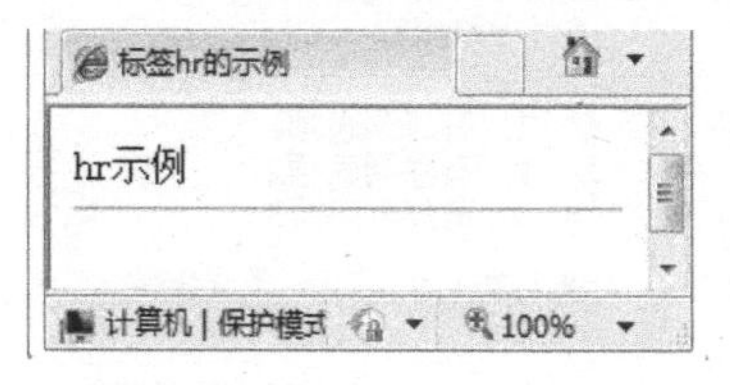

图 3-3　段落标签示意（2）

3.2.2 标题标签

标题标签 hx（x=1～6）用于设置文件中的标题，在浏览器中显示的是黑体。其中 h1 是最大标题，h6 是最小标题。<hx>和</hx>必须配对使用，且在</hx>之后的文字自动换行。

在 XHTML 中，标题的样式不能像在 HTML 中那样通过 align 属性进行设置，而是要使用 style 属性中的 title-align 样式进行设置。示例代码如下：

```
<h1 style="text-align: center">这是 1 号标题</h1>
<h2 style="text-align: left">这是 2 号标题</h2>
<h6 style="text-align: right">这是 6 号标题</h6>
```

下面是一段使用 hx 标签的代码示例：

```
<html>
  <head> <title> Headings </title></head>
  <body>
    <h1> 这是 1 号标题（h1）</h1>
    <h2> 这是 2 号标题（h2）</h2>
    <h3> 这是 3 号标题（h3）</h3>
    <h4> 这是 4 号标题（h4）</h4>
    <h5> 这是 5 号标题（h5）</h5>
    <h6> 这是 6 号标题（h6）</h6>
  </body>
</html>
```

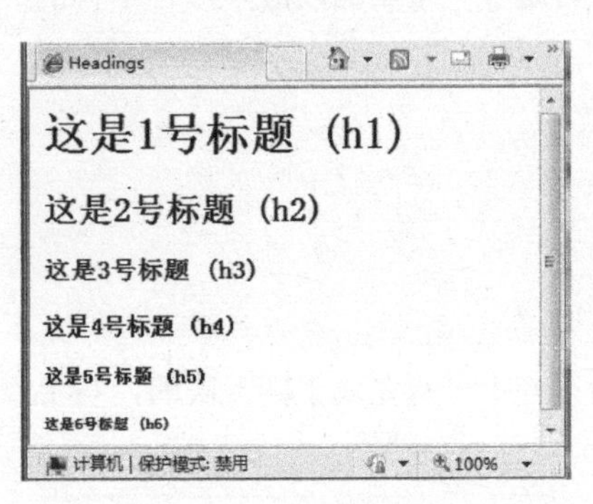

图 3-4 标题标签示意

图 3-4 为代码运行的结果。

3.2.3 有序列表标签

使用<ol>和</ol>在 XHTML 中定义一个有序列表，在两个标签之间不允许有文本信息。

列表中的每一项都必须使用列表项标签<li>开始，标签</li>结尾表示一个条目的结束。li 有自动换行的作用，每个条目自动为一行。代码示例如下：

```
<ol>
   <li>有序列表项 1</li>
   <li>有序列表项 2</li>
   <li>有序列表项 3</li>
</ol>
```

有序列表在显示时，会在每个条目面前加上一定形式的有规律的项目序号，如 1, 2, 3…或 a, b, c…之类的。图 3-5 所示是上述代码的一个有序列表的示例。图中每行前面的序号都是自动生成的。使用 ol 建立的有序列表的项目序号默认的是十进制数值。我们可以通过 style 属性的 list-style-type 来设置整个列表的项目序号。

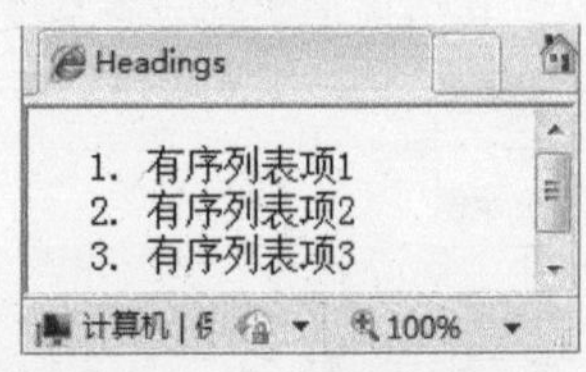

图 3-5 有序列表示例

list—style—type 样式的取值：

- decinal：十进制。
- lower—alpha：小写英文字母。
- upper—alpha：大写英文字母。
- lower—roman：小写罗马数字。

● upper—roman：大写罗马数字。

每个 li 创建的项目也可以使用【list-style-type】单独执行项目序号。

3.2.4　无序列表标签

标签<ul>和</ul>设置一个无序列表，同样不允许出现文本信息。每一项条目也必须用<li>开始，用</li>结束。

一个 ul 标签的无序列表中可包含一个或多个 li 标签，用于创建一项或多项条目。ul 同样可使用 style 属性的 list-style-type 来设置整个列表的项目序号。其中 3 种取值“disc”、“circle”和“square”分别表示实心圆、空心圆和小方块。

每个 li 创建的项目同样可以使用 list-style-type 单独执行项目序号。

下面是使用 ul 和 li 创建无序列表的示例代码：

```
<ul style=" list—style—type: circle">
    <li>无序列表项 1</li>
    <li>无序列表项 2</li>
    <li>无序列表项 3</li>
</ul>
```

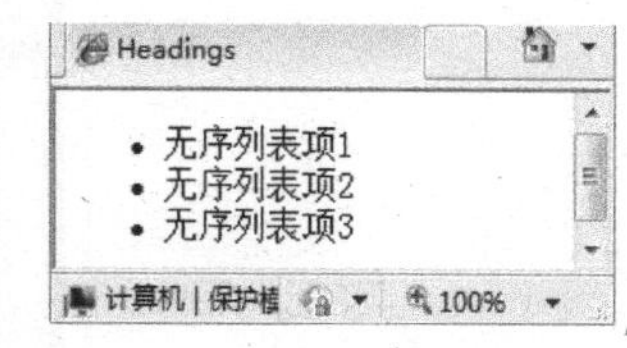

图 3-6　无序列表示例

上述代码的结果如图 3-6 所示。

3.2.5　图片标签

图片标签 img 的使用方式如下：

```
<img src="图片文件 URL" alt="说明" />
```

其中，src 属性：指明网页中所引用的图像的位置。alt 属性：用简单的文字说明所引用的图像，当图像不能显示或鼠标指针停在图片上时，可以通过它来描述图片。

可以利用 style 属性的 width 和 heigth 来设置图片的宽度和高度，单位可以是像素，也可以是父标签大小的百分比。代码示例如下：

```
<img src="aa.gif" alt="text" style="width:80;height:80" />
<img src="aa.gif" alt="text" width="80" height="80" />
```

下面是一个使用上面介绍过的标签的例子，它引用了一个图像并对其进行说明：

```
<html>
  <head> <title> Images 示例 </title></head>
  <body>
    <h1> 下面是一幅漫画 </h1>
    <h2> 讲述的是大宝忽悠她妈妈买了一台游戏机…… </h2>
    <p>
      地点：学校 <br />
      时间：星期一<br />
      任务：大宝和他的同学<br /><br />
      <img src = "漫画.jpg" alt = "无聊的漫画"/>
      <br />
      <h1>仅供娱乐，切勿模仿！ </h1>
    </p>
  </body>
</html>
```

显示的结果如图 3-7 所示。

图 3-7　图片标签示例

3.2.6　超链接标签

在 XHTML 中使用标签 a 来创建超链接，标签 a 包含 href、id、target 等常用属性。

① href 属性：用来指定超链接所链接的目标文档的 URL。它提供了多种链接方式，可以在页面内创建超链接，也可以在页面间创建超链接。

② id 属性：用来定义文档内创建的锚点，在实现页面内链接的时候使用。

③ target 属性：目标窗口，指定如何显示链接的文件。默认设置为"_blank"，表示在新的浏览器窗口中显示相应文件的内容，也可以设置为"_self"，表示在本窗口显示相应的内容。

使用 a 标签可以创建多种形式的链接，下面我们将分别进行介绍。

（1）在页面内创建链接

实现一个页面内的链接时，首先需要使用 id 属性定义一个锚点，再使用 a 标记的 href 属性指向该锚点。在这个网页内，这两部分没有先后之分。其一般形式为：

```
<a id="锚点名称"> </a>
…
<a href="#锚点名称"> </a>
```

在上面的代码中，#表示链接目标与 a 标签属于同一个文档，被链接的目标则用 id 表示。

（2）在页面间创建链接

这可分为两种形式：链接到另外一个页面，链接到另外一个页面内的某个锚点。

我们可以使用绝对或相对 URL（一般使用相对 URL）指向某一个特定的页面。其一般形式为：

<a href="URL">信息描述</a>

将前面所描述的两种链接方式相结合可以实现从一个页面链接到另一个页面内的某个锚点。首先要在目标页面内定义一个锚点，然后在源页面内建立超链接指向该锚点。其一般形式为：

<a href="页面文件名#锚点名称">描述信息</a>

文件名后加#表示链接到目标文件中所定义的锚点处。

（3）链接到一个网站

我们只需给出目标网站的网址即可。例如：

<a href="http://www.163.com">网易 163</a>

（4）链接到电子邮箱

在此我们需要使用 href 属性中的"mailto"协议。然后在该协议后面给出一个具体的邮箱地址，其一般形式为：

<a href="mailto:admin@163.com">联系人</a>

（5）链接到 FTP 站点

示例代码：

<a href="ftp://210.30.12.1/pp.pps">FTP 演示</a>

（6）链接到某一个图片文件

浏览器将在窗口中显示相应的图片。示例如下：

<a href="heart.jpg"> 感恩的心</a>

（7）链接到浏览器不支持的文件

此时浏览器会自动弹出下载文件的对话框，由用户选择是否下载。一般形式为：

<a href="abc.xyz">文件下载</a>。

下面是使用 a 标签创建链接的示例代码：

```
<html>
  <head> <title> 创建链接的示例 </title>
  </head>
  <body>
    <h1> 简短笑话一则：</h1><br/>
    <p>
    <h3>江南七怪：我说靖儿啊，也不知道你是假傻啊还是真傻啊，在草原上这么多年了，你连自己放了多少头羊都不知道！</h3><br/>
    <h3>郭靖：没办法啊师父，谁让弟子一数山羊就会睡着……</h3>
      <br />
       <a href = "http://www.jokeji.cn/">
      <h1>单击浏览更多笑话！</h1></a>
    </p>
  </body>
</html>
```

执行以上代码得到的结果如图 3-8 所示。

图 3-8 中蓝色加下画线字体的部分为超链接部分，单击之后出现如图 3-9 所示的页面。

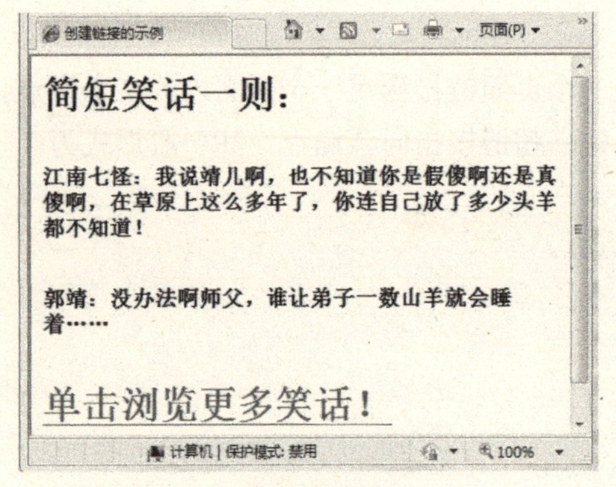

图 3-8　超链接标签示意（1）

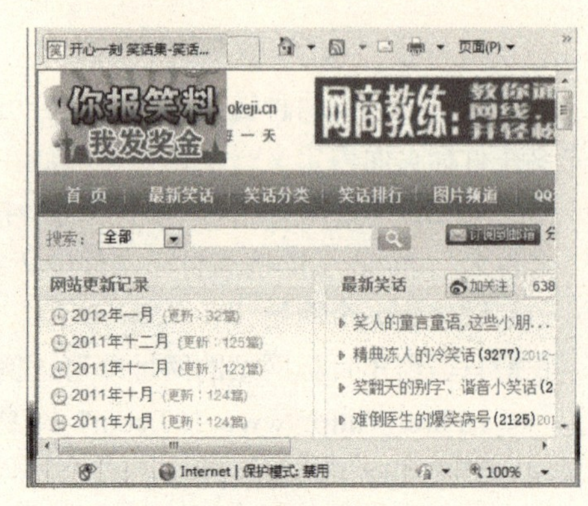

图 3-9　超链接标签示意（2）

3.2.7　表格标签

使用 table 标签的一般形式为：

```
<table border="n" width="x"或"x%">
    <th>…</th>定义表头
    <tr>…</tr>定义表的行
    <td>…</td>定义表格单元
</table>
```

其中 border 表示表格边框的粗细，单位为像素；width 表示表格的宽度，单位为像素或百分比。

下面为使用以上标签创建表格的示例代码：

```
<table border = "border">
   <caption> Fruit Juice Drinks </caption>
     <tr>
       <th> </th>
       <th> Apple </th>
       <th> Orange </th>
       <th> Screwdriver </th>
     </tr>
     <tr>
       <th> Breakfast </th>
       <td> 0 </td>
       <td> 1 </td>
       <td> 0 </td>
     </tr>
     <tr>
       <th> Lunch </th>
       <td> 1 </td>
       <td> 0 </td>
       <td> 0 </td>
     </tr>
     <tr>
       <th> Dinner </th>
       <td> 0 </td>
       <td> 0 </td>
       <td> 1 </td>
     </tr>
</table>
```

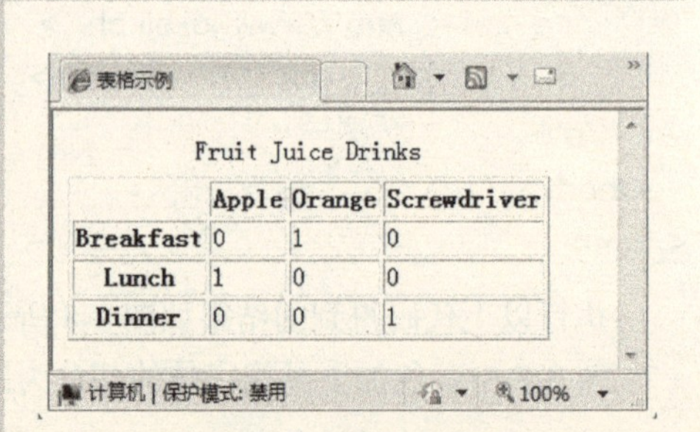
表格示例

Fruit Juice Drinks

	Apple	Orange	Screwdriver
Breakfast	0	1	0
Lunch	1	0	0
Dinner	0	0	1

图 3-10　表格标签示意

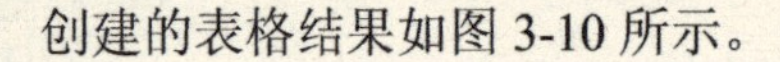
创建的表格结果如图 3-10 所示。

我们还可以使用 table 创建跨多行多列的单元格。其中 rowspan 表示跨越多行，colspan 表示跨越多列，示例代码如下：

```
<table border = "border">
    <tr>
    <th colspan = "3"> Fruit Juice Drinks </th>
    </tr>
    <tr>
    <th> Orange </th>
    <th> Apple </th>
    <th> Screwdriver </th>
    </tr>
</table>
```

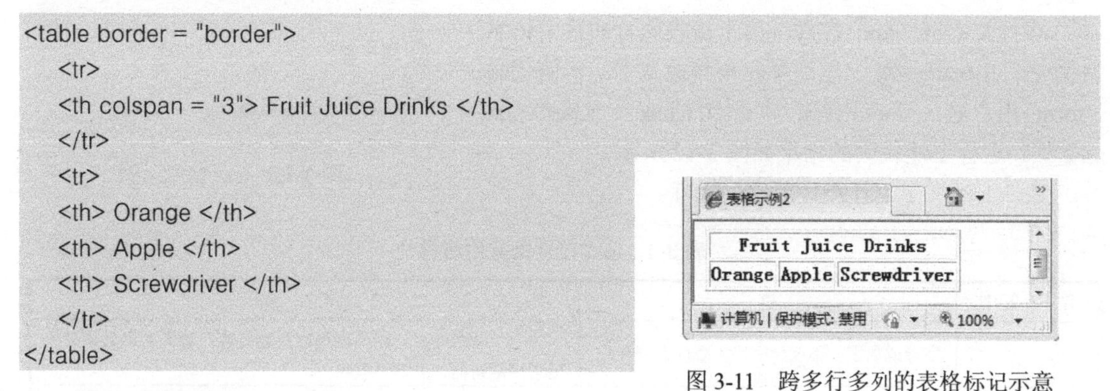

图 3-11　跨多行多列的表格标记示意

其显示结果如图 3-11 所示。

3.3　XHTML 表单

Web 应用程序不仅仅向用户显示数据，还应该提供给用户一个可以输入数据的图形用户界面。XHTML 提供了一套元素和属性，用来在网页中创建可供用户输入并提交数据的图形用户界面。表单的主要作用就是在网页上提供一个图形用户界面，以采集和提交用户输入的数据。

创建表单结构的标记为<form></form>。在 form 标记中，有两个关键的属性：<action>和<method>。其中 action 属性使用一个 URL 来指定表单处理程序的位置，如：action=http://www.abc.com。method 属性指定表单数据是如何传送到表单处理程序中的。

method 属性有两种值：get 和 post。get 是 method 的默认方法，此时表单数据传送到由 URL 指定的表单处理程序中。get 用于信息获取，而且应该是安全的和幂等的。所谓安全，就是该操作用于获取信息而非修改信息；幂等意味着对同一 URL 的多个请求应该返回同样的结果。get 方式提交的数据最多只能有 1024 字节，提交的数据将会附加在 URL 之后（用问号隔开），同时提交的数据放置在 HTTP 请求的头部域中，并在 URL 地址栏中可见。（因此绝不要使用 get 方法来传输密码等敏感信息！）如果 method 的值为 post，则表单数据通过 HTTP 体部传送。post 方法表示可能改变服务器上资源的请求，一般不允许重复提交同一个 post 请求。

XHTML 支持多种输入控件，包括：文本框、单选框、图像等。用来创建 XHTML 输入控件的元素有 3 种。

① <input>元素：使用 type 属性定义不同的控件，包括文本<text>、口令字段<password>、复选框<checkbox>、单选框<radio>、提交按钮<submit>、重置按钮<reset>、文件按钮<file>、隐藏域<hidden>和图像<image>。

② <select>和<option>二者组合使用，用来创建一个下拉列表。

③ <textarea>用来创建一个多行输入的文本。

下面将介绍以上常用的控件。

3.3.1 单行文本框

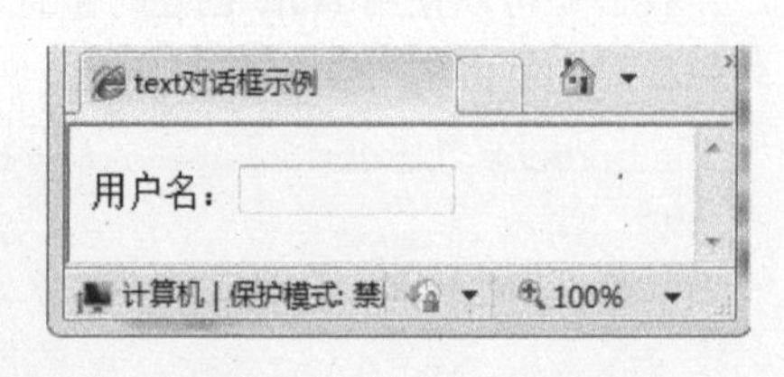

图 3-12 text 使用示例

单行文本框（text 控件）用于接收文本和数字信息，如姓名、E-mail 地址、电话号码和其他文本。示例代码：<form>用户名：<input type = "text" name = "User" size = "12" >。运行上述代码的结果如图 3-12 所示。

表 3-1 列举了 text 控件的常用属性。

表 3-1 text 控件的常用属性

常用属性	值	用途
name	字母或数字，不能含空格，要以字母开头	为表单元素命名，使其能够方便地被客户端脚本语言或服务器程序端访问。命名必须唯一
id	字母或数字，不能含空格，要以字母开头	为表单元素提供唯一标识符
size	数字	设置单行文本框在浏览器中显示的宽度。如果省略，浏览器按默认大小显示单行文本框
maxlength	数字	设置单行文本框所接收文本的最大长度
value	文本或数字字符	浏览器在单行文本框中显示的初始值

3.3.2 口令输入框

口令输入框（password 控件）与单行文本框很相似，但是它接收的是需要在输入过程中隐藏的数据，如密码，并显示为*号，示例代码：

<form>密码：<input type = "password" name = "myPass"></form>。

输入密码后的效果如图 3-13 所示。

图 3-13 password 控件使用示例

表 3-2 列举了 password 控件的常用属性。

表 3-2 password 控件的常用属性

常用属性	值	用途
name	字母或数字，不能含空格，要以字母开头	为表单元素命名，使其能够方便地被客户端脚本语言或服务器程序端访问。命名必须唯一
id	字母或数字，不能含空格，要以字母开头	为表单元素提供唯一标识符
size	数字	设置在浏览器中显示的宽度。如果省略 size 属性，浏览器将以默认大小显示密码输入框
maxlength	数字	设置密码输入框所接收输入文本的最大长度
value	文本或数字字符	浏览器在密码输入框中显示的初始值

3.3.3 单选按钮

单选按钮允许用户从一组确定的选项中选择唯一一项。同一组中的每个单选按钮都要有相同的名称和唯一的值。因为名称相同，所以这些元素被认为是属于同一组的，而且它们中只能有一项被选中。使用单选框的示例代码如下：

```
<form action = "">
  <p>
  <input type = "radio"  name = "age"
   value = "小于 20" checked = "checked"> 0-19
  <input type = "radio"  name = "age"  value = "20-29"> 20-29
  <input type = "radio"  name = "age"  value = "30-39"> 30-39
  <input type = "radio"  name = "age"  value = "40-49"> 40-49
  <input type = "radio"  name = "age"  value = "大于 50"> 大于 50
  </p>
</form>
```

结果如图 3-14 所示。

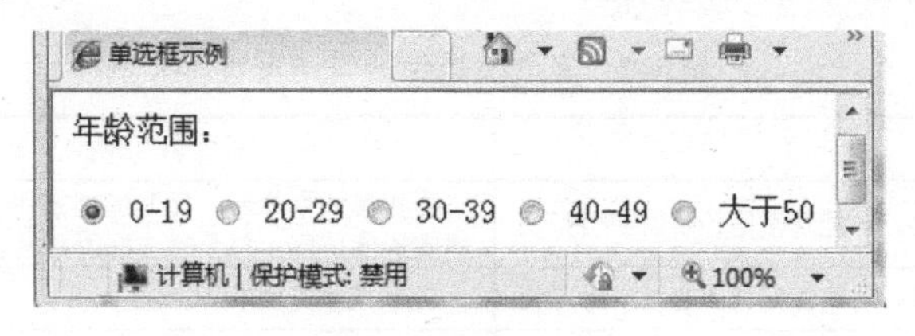

图 3-14 单选框示例

注意：上例中 name 属性都有相同的值（"age"），它正是用来创建一个组的。同一组中的每个单选按钮可以通过它的 value 属性单独地进行识别。同一组中的每个单选按钮都设置了不同的值。

表 3-3 为单选按钮控件的常用属性。

表 3-3 单选按钮控件的常用属性

常用属性	值	用途
name	字母或数字，不能含空格，要以字母开头	必须的。同一组中的所有单选按钮都应该有相同的名称。该属性也为表单元素命名使其能够方便地被客户端脚本语言或服务器端程序访问
id	字母或数字，不能含空格，要以字母开头	为表单元素提供唯一标识符
checked	"checked"	浏览器显示时将单选按钮设置为默认选中状态
value	文本或数字字符	当单选按钮被选中时赋予它的值。同一组中的每个单选按钮都应该有唯一的值。该值可以被客户端脚本语言或服务器端程序访问

3.3.4 复选框

复选框允许用户从一组事先确定的选项中选择一项或多项。使用复选框的示例代码如下：

```
<form action = "">
  <p>
  <input type = "checkbox" name ="爱好" value = "没有"  checked = "checked">无
```

```
    <input type = "checkbox" name ="爱好" value = "乒乓球" >乒乓球
    <input type = "checkbox" name ="爱好" value = "羽毛球" >羽毛球
    <input type = "checkbox" name ="爱好" value = "看电影" >看电影
    <input type = "checkbox" name ="爱好" value = "看书" >看书
    <input type = "checkbox" name ="爱好" value = "其他" >其他
    </p>
</form>
```

结果如图 3-15 所示。

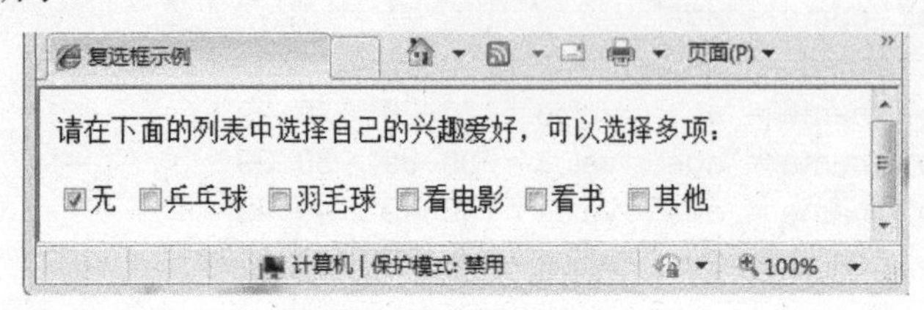

图 3-15 复选框示例

表 3-4 列举了复选框控件的常用属性。

表 3-4 复选框控件的常用属性

常用属性	值	用途
name	字母或数字，不能含空格，要以字母开头	为表单元素命名，使其能够方便地被客户端脚本语言或服务器端程序访问。每个复选框的命名必须唯一
id	字母或数字，不能含空格，要以字母开头	为表单元素提供唯一标识符
checked	"checked"	浏览器显示时将复选按钮设置为默认选中状态
value	文本或数字字符	当复选框被选中时赋予它的值。该值可以被客户端脚本语言或服务器端程序访问

3.3.5 滚动文本框

滚动文本框可以使用<textarea>标记进行设置。滚动文本框接收自由式的评论、问题或描述文本。使用滚动文本框的示例代码如下：

```
<form action = "">
  <p>
  <textarea name = "笑话"  rows = "5" cols = "40">
```

1．两个带着孩子的校友碰到了一起，自动化系校友说：哟，瞧您这孩子，长得真鲁棒！ 计算机系校友说：哪里哪里，还得说是您这孩子长得有信息量。

```
      </textarea>
      </p>
    </form>
```

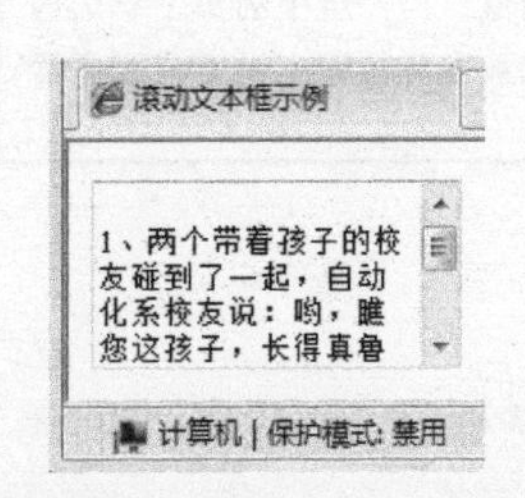

图 3-16 滚动文本框示例

结果如图 3-16 所示。

注意：<textarea>是一个容器标签。<textarea>起始标签和</textarea>结束标签之间输入的文本将显示在初始滚动文本中。

表 3-5 列举了滚动文本框控件的常用属性。

表 3-5　滚动文本框控件的常用属性

常用属性	值	用　途
name	字母或数字，不能含空格，要以字母开头	为表单元素命名，使其能够方便地被客户端脚本语言或服务器端程序访问。命名必须唯一
id	字母或数字，不能含空格，要以字母开头	为表单元素提供唯一标识符
cols	数字	设置以字符列为单位的滚动文本框宽度。如果省略了 cols 属性，浏览器将使用默认宽度显示滚动文本框
rows	数字	设置以行为单位的滚动文本框高度。如果省略了 rows 属性，浏览器将使用默认高度显示滚动文本框

3.3.6　选择列表

下拉选单可以用<select>容器标记（与<option>标记一起）进行设置。这种表单元素有几种名称：选择列表、选择框、下拉列表、下拉框和选项框。它允许访问者从一个事先确定的选择列表中选择一项或多项。<option>容器标记用于设置选择列表中的选项。示例代码如下：

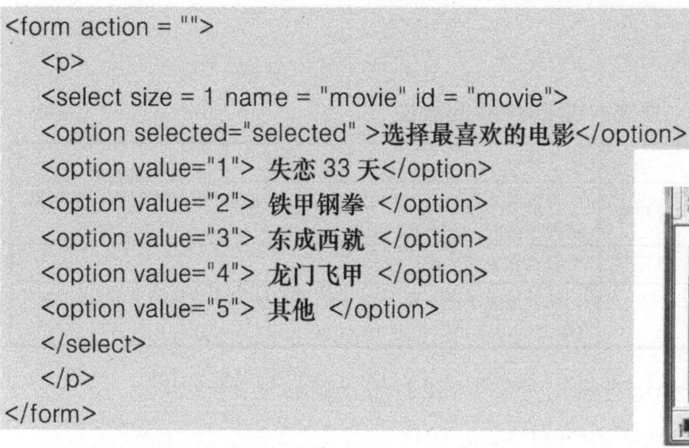

```
<form action = "">
  <p>
  <select size = 1 name = "movie" id = "movie">
  <option selected="selected" >选择最喜欢的电影</option>
  <option value="1"> 失恋 33 天</option>
  <option value="2"> 铁甲钢拳 </option>
  <option value="3"> 东成西就 </option>
  <option value="4"> 龙门飞甲 </option>
  <option value="5"> 其他 </option>
  </select>
  </p>
</form>
```

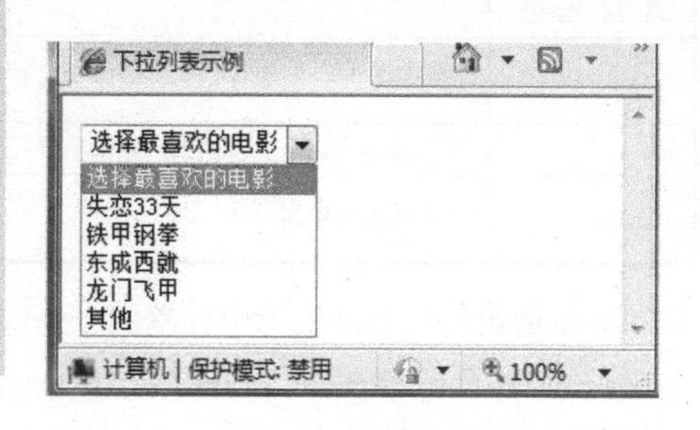

图 3-17　下拉列表示例

执行结果如图 3-17 所示。

表 3-6 列举了常用的选择列表控件属性。

表 3-6　选择列表控件常用属性

常用属性	值	用　途
列表选择<select>标记		
name	字母或数字，不能含空格，要以字母开头	为表单元素命名，使其能够方便地被客户端脚本语言或服务器端程序访问。命名必须唯一
id	字母或数字，不能含空格，要以字母开头	为表单元素提供唯一标识符
size	数字	设置浏览器显示的选项个数。如果设置为 1，则该元素变成下拉列表。如果选项的个数超过了允许的空间则浏览器会自动加入滚动条
multiple	"multiple"	设置选择列表接收多余一个选择。在默认情况下，只能选中选择列表中的一个选项
选择列表<option>标记		
Value	文本或数字字符	为选项赋值。该值可以被客户端脚本语言和服务端程序读取
selected	"selected"	浏览器显示时将某一选项设置为默认选中状态

3.3.7 重置和提交按钮

重置按钮（reset 按钮）用于恢复表单输入前的初始状态，例如：<input type = "reset" value = "Reset Form">。提交按钮（submit 按钮）用于提交表单输入信息，例如：<input type = "submit" value = "Submit Form">。提交时触发的动作可能包括：对表单数据进行编码、请求执行 action 指定的程序等。

表 3-7 为提交按钮控件的常用属性。

表 3-7 提交按钮控件的常用属性

常用属性	值	用途
name	字母或数字，不能含空格，要以字母开头	为表单元素命名，使其能够方便地被客户端脚本语言或服务器端程序访问。命名必须唯一
id	字母或数字，不能含空格，要以字母开头	为表单元素提供唯一标识符
value	文本或数字字符	设置提交按钮上显示的文本。默认情况下显示的文本为"提交"（中文）

表 3-8 为重置按钮控件的常用属性。

表 3-8 重置按钮控件的常用属性

常用属性	值	用途
Name	字母或数字，不能含空格，要以字母开头	为表单元素命名，使其能够方便地被客户端脚本语言或服务器端程序访问。命名必须唯一
Id	字母或数字，不能含空格，要以字母开头	为表单元素提供唯一标识符
Value	文本或数字字符	设置重置按钮上显示的文本。默认情况下显示的文本为"重置"（中文）

下面是我们利用以上各个标签的一个综合示例（关于 div 标签，请参见 3.4.5 节）：

```
<form action="http://www.example.org" method="get">
  <div>
    <label>
      用户真实姓名: <input type="text" name="username" size="20" />
    </label>
    <br />
    <label>
      请填写您的个人简历 (150-200 字):
      <br />
      <textarea name="resume" rows="15" cols="60"></textarea>
    </label>
    <br />
    选择您有意向的工作岗位:
    <label>
      <input type="checkbox" name="IT" value="software" >软件开发
    </label>
    <label>
      <input type="checkbox" name="IT" value="Web" >互联网开发
    </label>
    <label>
      <input type="checkbox" name="IT" value="OS" >操作系统开发
```

```
    </label>
    <label>
      <input type="checkbox" name="IT" value="other" >其他
    </label>
    <br /><br />
    <input type="submit" name="doit" value="提交个人简历" />
  </div>
</form>
```

上面程序使用 text 控件创建了一个单行文本框，用于输入姓名；用 textarea 控件创建了一个滚动文本框，用于输入提交者的简历信息；然后用 checkbox 控件创建了 4 个复选框，最后使用了一个提交按钮，用于提交个人简历。具体页面显示如图 3-18 所示。

此外，我们注意到在上面的程序中，使用了大量的 label 标记。label 标记并不会呈现任何特殊的效果。但是当在 label 元素内单击文本时，浏览器会自动将焦点转到和标记相关的表单控件上。例如，在图 3-18 中，如果用户单击了“用户真实姓名”中的任意一个字，都会使光标停留到相应的文本框内等待用户输入。

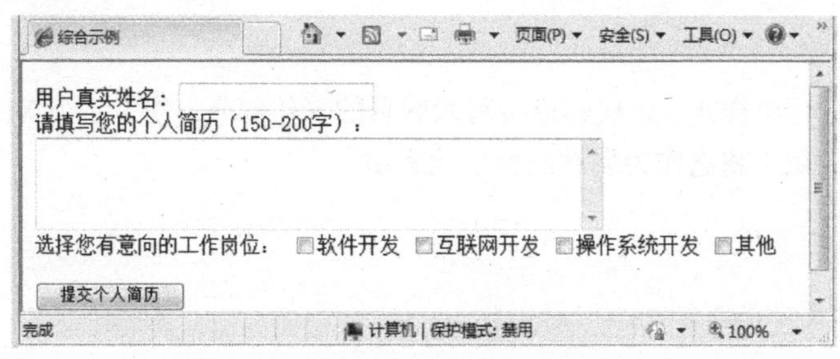

图 3-18　表单综合示例

3.4　CSS

3.4.1　CSS 概述

CSS（Cascading Style Sheet，可译为“层叠样式表”或“级联样式表”）是一组格式设置规则，也是一种置标语言，可用于控制 Web 页面的外观。通过使用 CSS 样式设置页面的格式，可实现页面内容与表现形式的分离：页面内容存放在 XHTML 文档中，而用于定义表现形式的 CSS 规则存放在另一个文件中或作为 XHTML 文档的某一部分（通常为文件头部分）。CSS 不需要编译，可以直接由浏览器解释执行（属于浏览器解释型语言）。

使用叠层样式表的主要优点如下。

① 更多排版和页面布局控制。这些功能包括字体尺寸、行间距、字间距、缩进、页边距和元素定位。

② 样式和结构分离。页面中使用的文本和颜色格式可以与网页文档的主体部分进行分离，分别进行设置和存储。

③ 样式可以保存。CSS 允许将样式保存在单独的文档中并在网页中连接它们，修改样式的时候可以不用修改 XHTML 文档。例如：需要将背景颜色从红色改成白色，那么只需要修改包含样式的那个文件，而不需要一个个地修改网页文档。

④ 文档可能会更小。由于格式从文档中分离了出来，因此实际文档应该可以变得更小。

⑤ 可保持 Web 文档的一致性，以方便网站维护。如果样式需要修改，那么只需通过改变样式表就可以完成更改。

3.4.2 样式表层次以及样式说明格式

我们有 3 种方式可以将样式表加入到网页中，分别是内联样式、内部样式和外部样式。这 3 种方式有不同的优先级，越接近目标的样式定义优先权越高。高优先权样式将继承低优先权样式的未重叠定义但覆盖重叠的定义。在使用时，内联样式表优先于内部样式表，内部样式表又优先于外部样式表。

样式通过 style 属性定义，其一般形式为：

选择符{“属性 1: 值 1; 属性 2: 值 2; … 属性 n: 值 n”}。

其中，“选择符”可以为 XHTML 中的元素，如<p>、<body>等，或者是其他选择器，如类选择器、ID 选择器等。属性和值用来设置具体的样式。

下面是上述 3 种方式的具体介绍。

1．内联样式

内联样式，或称行内样式，将代码直接写入网页的主体部分，作为某个 XHTML 标记的 style 属性。这种样式只应用于将它作为属性的特定元素中。

示例代码如下：

```
<html>
<head><title>内联样式</title></head>
<body>
<h2 style="font-family: '宋体';font-size: 20pt; font-weight: bold">不要迷恋哥，哥只是个传说！ </h2>
<h3 style="font-family: '仿宋'; font-size: 16pt;color:blue">不要迷恋哥，哥只是个传说！
</h3>
</body></html>
```

显示结果如图 3-19 所示。

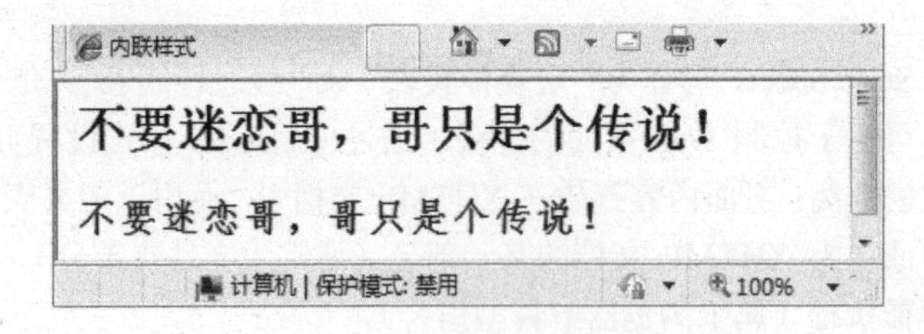

图 3-19 内联样式示意

2．内部样式

内部样式，或称文档层样式，在网页的页头部分进行定义。这些样式指令可以应用于整个网页文档。我们需要将样式表放置于 head 元素的 style 子元素中。此时需将 style 元素的 type 元素设置为"text/css"。其一般形式为[①]：

① 注意下面的代码中使用了“<!--”和“-->”标签。对于一些不能识别<style>标签的浏览器，使用<!-- 注释文字 -->也可把样式包含进来。这样，不支持<style>标签的浏览器会忽略样式内容，而支持<style>标签的浏览器则会解读样式表。

```
<style type="text/css">
<!--
Rule list
-->
</style>
```

使用内部样式的具体示例如下：

```
<html>
<head>
<title>内部样式</title>
<style type="text/css">
<!--
  h1{font-size:18pt; color:red}
-->
</style></head>
<body>
<h1>这是 1 号标题</h1>
<p>看一下 1 号标题的显示效果吧！</p></body>
</html>
```

图 3-20　内部样式示意

其中标签<style>的部分为 CSS 部分代码，其结果如图 3-20 所示。

3．外部样式

外部样式存放在单独的文本文件中。网页可以在头部使用<link />标签链接到这一文本文件。具体示例代码如下：

```
<html>
  <head> <title>外部样式 </title>
    <link rel = "stylesheet"  type = "text/css"  href = "style.css" />
</head>
<body>
<h2>励志名言 </h2>
<p class = "big">
      弱者坐待时机，强者创造机会。
</p>
<p class = "small">
      成功的信念在人脑中的作用就如闹钟，会在你需要时将你唤醒。
</p>
<h3>没有天生的信心，只有不断培养的信心。 </h3>
</body>
</html>
```

它使用的外部 CSS 代码如下（保存在 style.css 文件中）：

```
  p.big {font-size: 18pt;
         font-style: italic;
```

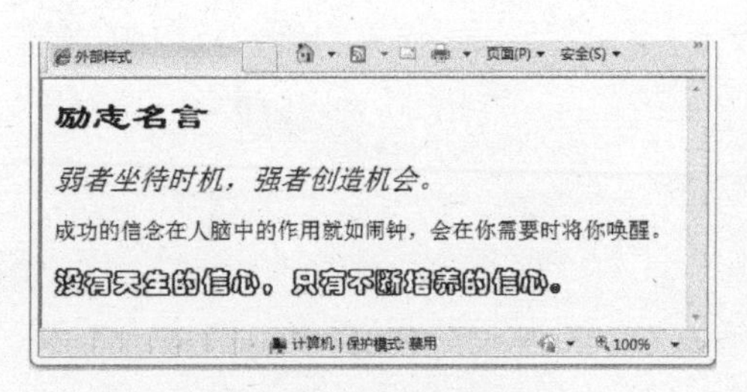

图 3-21 外部样式示意

```
        font-family: '宋体'; }
p.small {font: 14pt bold '楷体';}
h2 {font-family: '隶书';
    font-size: 24pt; font-weight: bold}
h3 {font-family: '华文彩云';
    font-size: 18pt}
```

以上程序的执行结果如图 3-21 所示。

3.4.3 CSS 的常用选择器

上一节我们讲述了 CSS 如何对页面进行控制，但是我们有时候还需要对 XHTML 页面中的元素实现一对一、一对多或者多对一的控制，这就要用到 CSS 选择器。XHTML 页面中的元素就是通过 CSS 选择器进行控制的。准确而简洁地运用 CSS 选择器会达到非常好的效果。下面是一些常用选择器的介绍。

1. 类型选择器

类型选择器用来选择特定类型的元素。可以根据 3 种类型来选择：id 选择器、类选择器和标签选择器。

（1）id 选择器

根据元素 ID 来选择元素，前面以"#"号来标志，在样式里面可以这样定义：

```
#red{
      color:#FF0000;
}
```

这里表示对于 id 为 red 的元素，设置它的字体颜色为红色。然后，我们在页面上定义一个元素把它的 ID 定义为 red，如：

```
<div id="red">
这个区域字体颜色为红色
</div>
```

再定义一个区域：

```
<div>
这个区域没有定义颜色
</div>
```

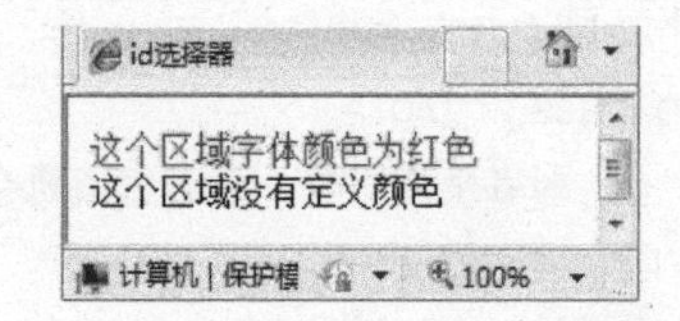

图 3-22 id 选择器示例

显示结果如图 3-22 所示。

与预期的一样，应用了样式的区域显示红色，而没有应用样式的区域，字体颜色还是默认的颜色（黑色）。

（2）类选择器

根据类名来选择，前面以 "." 来标志，如：

```
.red{
      color:#FF0000;
}
```

在 HTML 中，元素可以定义一个 class 的属性，如：

<div class="red">这个区域字体颜色为红色</div>。

同时，我们可以再定义一个元素：

<p class="red">这个段落字体颜色为红色</p>。

最后，用浏览器浏览，我们可以发现所有class标记为red的元素都应用了这个样式。

在上例中，我们给两个元素都定义了class，但如果有很多个元素都应用这个样式，一个个地定义class，就会造成页面大量的代码重复，对此我们可以这样定义：

<div class="red">

<div>这个区域字体颜色为红色</div>

同时，我们可以再定义一个元素：

<p>这个段落字体颜色为红色</p>

</div>

这样，我们只定义了一个类，就把样式应用到了所有的元素当中。

（3）标签选择器

根据标签选择，即根据XHTML标签名来应用样式。具体定义时，则直接用标签名。如：

```
div{
    color:#FF0000;
}
```

我们定义两个元素。

<div>这个区域字体颜色为红色</div>

<div>这个区域字体颜色也为红色</div>

用浏览器浏览，我们发现两个div元素都被应用了样式，这里不用定义id，也无须定义class属性。

2．后代选择器

后代选择器也称为包含选择器，用来选择特定元素或元素组的后代。在后代选择器中，规则左边包括两个或多个用空格隔开的常用选择器。选择器之间的空格是一种结合符。每个空格结合符可以解释为“…… 在 …… 找到”、“…… 作为 …… 的一部分”、“…… 作为 …… 的后代”。例如：

h1 em {color: red;}

可解释为作为h1元素后代的任何em元素。

下面是示例代码：

```
<html>
<head>
<style type="text/css">
h1 em {color:red;}
</style>
</head>
<body>
<h1>This is a <em>important</em> heading</h1>
<p>This is a <em>important</em> paragraph.</p>
</body>
</html>
```

上述代码的运行结果如图3-23所示。

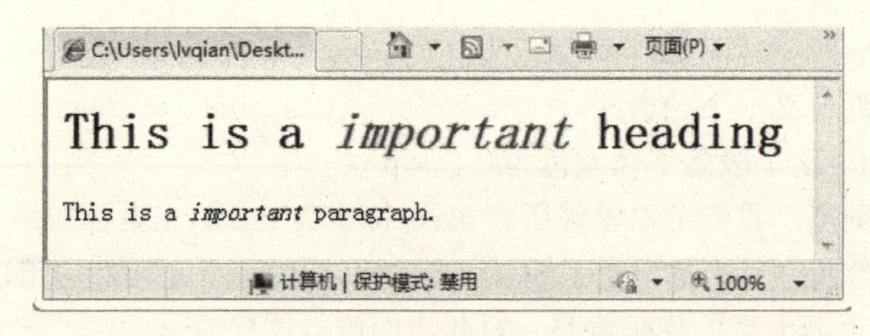

图 3-23　后代选择器示例

我们可以看到，只有 h1 中的 em 元素被应用样式，而 p 中的 em 元素并没有被应用样式。后代选择器是一种很有用的选择器，使用后代选择器可以更加精确地定位元素。

3. 伪类

伪类用于向某些选择器添加特殊的效果，比如鼠标指针悬停等。伪类的语法格式：

选择器: 伪类 {属性: 值}

示例说明：在支持 CSS 的浏览器（如 Firefox）中，链接的不同状态都可以以不同的方式显示，这些状态包括活动状态、已被访问状态、未被访问状态和鼠标指针悬停状态。示例代码如下：

```
a:link{
    color:#999999;
}
a:visited{
    color:#FFFF00;
}
a:hover{
    color:#006600;
}
a:active {
    color: #0000FF
}
/* IE 不支持 focus 属性，用 Firefox 浏览可以看到效果 */
input:focus{
    background:# E0F1F5;
}
```

其中 link 表示链接在没有被单击时的样式。visited 表示链接已经被访问时的样式。hover 表示当鼠标指针悬停在链接上面时的样式。active 表示选定的链接。hover 必须位于 a:link 和 a:visited 之后才能生效，而 a:active 必须位于 a:hover 之后才能生效。

4. 群组选择器

当几个元素样式属性一样时，可以共同设置一个样式声明，元素之间用逗号分隔。例如：

```
p, td, li {
line-height:20px;
        color:#c00;
}
#main p, #sider {
    color:#000;
    line-height:26px;
}
```

```
.text1 h1,#sider h3,.art_title h2 {
	font-weight:100;
}
```

使用群组选择器，将大大简化 CSS 代码，不但提高了编码效率，同时也减小了 CSS 文件的大小。

除了以上这些常用的选择器，CSS 还有其他一些不常用的选择器，如子选择器、相邻同胞选择器和属性选择器等。

3.4.4 CSS 属性

CSS 的属性分 7 个大类，共有 60 个属性。这 7 个大类分别是：font，list-style，alignment of text，margins，color，background，border。

1. font

font 组合了 font-style，font-variant，font-weight，font-size，line-height，font-family。

其中，font-size 和 font-family 是必需的值。示例代码：

h3 { font: 12px gray bold Arial}

① font-family 设置元素的字体系列，默认值由浏览器定义。示例代码：

p { font-family: Arial, serif;}

② font-size 设置文本元素的字体大小。取值有 xx-small、x-small、small、medium、large、x-large、xx-large、larger、smaller、<长度>、<百分比>，它的默认值为 medium。该属性适用于全部元素。示例代码：

p { font-size: 1.2em;}

③ font-style 设置文本元素的字体样式。取值有 normal、italic 和 oblique。其中 oblique 并不是对所有字体都有效的，在缺乏字体支持的情况下由浏览器计算，通常是一种倾斜的字体。该属性的默认值为 normal。示例代码：

p { font-style: italic;}

④ font-variant 设置字体的变化。取值有 normal（维持原始文本字形）、small-caps（将文本转换为小型大写字母）。默认值为 normal。示例代码：

p { font-variant: small-caps;}

⑤ font-weight 设置字体的粗细。取值有 normal、bold、bolder、lighter、<100-900>。其中<100-900>表示按 100 递增，100 最细，900 最粗。默认值为 normal。示例代码：

p { font-family: Arial; font-weight: bolder;}

⑥ line-height 设置文本的行高。取值有 normal、<数字>（相对于元素字体大小的倍数）、<长度>、<百分比>（相对于元素的字体大小），默认值为 normal。示例代码：

p { line-height:3;}

2. list-style

它组合了 list-style-image、list-style-position 和 list-style-type，适用于显示属性设置为列表项目的元素。示例代码：

li {list-style: circle outside;}

list-style-image。将图像设置为有序或无序列表中的项目符号。取值有 none 和<url>，其中 none 为默认值。示例代码：

li {list-style-image: url(images/a.jpg);}

list-style-position。设置有序或无序列表中的项目符号相对于列表项目的位置。取值有 inside 和 outside。其中默认值为 outside。示例代码：

li {list-style-position: inside;}

list-style-type。设置有序或无序列表中项目符号的类型。取值有 disc、circle、square、decimal、lower-roman、upper-roman、lower-alpha、upper-alpha 和 none，其中 disc 为默认值。示例代码：li {list-style-type: disc;}

3. text

它组合了 text-align、text-decoration、text-indent 和 text-transform。

① text-align 设置元素中文本的对齐方式。取值有 left、right、center 和 justify，其中默认值由浏览器定义。它适用于块级元素[①]和可替换元素。示例代码：

p {text-align: right;}

② text-decoration 设置文本效果。取值有 none、underline、outline、line-through、blink（这个值没有被支持）。其值可以组合，默认值为 none，适用于全部元素。示例代码：

h3 {text- decoration: underline;}

③ text-indent 设置元素中第一行的缩进。允许使用负值，因此会导致“悬挂式缩进”。取值有<长度>、<百分比>（相对于相邻块级父元素的宽度），默认值为 0。它适用于块级元素和可替换元素。示例代码：

h3 {text-indent:2em;}

④ text-transform。设置元素中字母的大小写形式。取决于浏览器定义“单词”的方式，可能会产生不同效果。取值有 capitalize、uppercase、lowercase 和 none，其中默认值为 none。该属性适用于全部元素。示例代码：

h3 {text-transform: uppercase;}

4. margins

设置元素的外边距大小。它包含 margin-buttom、margin-left、margin-right、margin-top，分别对应的是下、左、右、上的外边距。这些属性的取值有<长度>，<百分比>（相对于相邻的块级父元素的宽度）。其默认值都是 0。示例代码：

h3 {margin:2em 2.5em 2.5em 1em;}

它们适用于全部元素，不包含表格显示类型中除 caption、table 和 inline-table 之外的元素。

5. color

设置元素的前景颜色。取值为<颜色>。默认值由浏览器定义。它适用于全部元素。使用 color 的示例代码如下：

```
<html>
<head> <title> The color property </title>
```

① 块级元素引导的内容将自动地开始一个新行。

```
    <style type = "text/css">
    th.red {color: red}
    th.orange {color: orange}
    th.purple {color: purple}
    </style>
</head>
<body>
<table border = "5">
    <tr>
      <th class = "red"> Apple </th>
      <th class = "purple"> Grape </th>
      <th class = "orange"> Orange </th>
    </tr>
</table> </body>
</html>
```

结果如图 3-24 所示。

图 3-24　color 属性示意

6．background

它组合了 background-color、background-image、background-repeat、background-attachment 和 background-position，适用于全部元素。

① background-color 设置元素的背景颜色。取值为<颜色>：关键字、RGB（red，green，blue）值或短/长十六进制值、transparent（透明背景色）。其中 transparent 为默认值。示例代码：

body {back-ground: green; }

② background-image 设置元素的背景图像。图像来源必须通过相对或绝对 URL 表示。取值有<url>、none。其中 none 为默认值。示例代码：

body {back-image: url('image/a.jpg'); }

③ background-repeat 设置背景图像在页面上的平铺方式。取值有 repeat、repeat-x、repeat-y 和 norepeat，分别表示图像水平和垂直平铺、图像水平平铺、图像垂直平铺以及图像不平铺（只显示一次）。其中 repeat 为默认值。示例代码：

body {back-img: url('image/a.jpg'); background-position: 100px 2000px; background-repeat: repeat; }

④ background-attachment 设置当用户水平或垂直滚动页面时背景图像是否随着滚动（在滚动条有效的情况下）。取值有 scroll：图像会随着页面滚动；fixed：图像会固定在特殊的位置。其中 scroll 为默认值。它虽然适用于全部元素，但是一般只用于 body。示例代码：

body {back-attachment: scroll; }

⑤ background-position。设置背景图像在页面上的位置，必须同时指定水平和垂直位置。取值有<百分比>（如 20% 20%）、<长度>（如 5em 2em）、top/center/buttom、left/center/right（如 top left）。其中 0% 0%为默认值。示例代码：body {back-img: url('image/a.jpg'); background-position: 100px 2000px; }。

7．border

它组合了 border-width、border-style 和 border-color，适用于全部元素。示例代码：

h3 {border: 3px green double}

① border-width 可分为 border-buttom-width、border-top-width、border-right-width、border-left-width。它们用于设置元素的下、上、右、左边框的宽度。取值有 thin、medium、thick 和<长度>（可使用任何度量单位）。其中默认值为 medium。示例代码：

```
h3 {border-right-width: thick; }
```

② border-color 设置元素边框的颜色。如果未指定边框颜色，则继承父元素的前景颜色。取值有<颜色>：关键字、RGB（red，green，blue）值或短/长十六进制值。其默认值为父元素的前景色。示例代码：

```
#sidebar {border-color: red; }
```

③ border-style 设置元素四周的边框类型。取值有 double（中间有间隙的双线边框，边框宽度需要经过不均衡的计算）；inset、outset（凹陷、凸出边框）；none（没有边框，针对性对低）；groove、ridge（槽状、脊状边框）；solid、dashed、dotted（点画线、虚线、实线）以及 hidden（没有边框，针对性对高）。其中默认值为 none。示例代码：

```
#sidebar {border-style: double; }
```

3.4.5 <span>标签和< div>标签

1．<span>标签

在某些情况下，如果属性应用于某个元素，范围会太大，这时可以使用<span>标签。<span>标签没有默认的布局格式。

2．<div>标签

<div> 可定义文档中的分区或节（division/section）。<div>用作严格的组织工具，可把文档分割为独立的、不同的部分，但不使用任何格式与其关联。同时，<div>是一个块级元素，它的内容自动地开始一个新行。我们也可以通过 div 的 class 或 id 应用额外的样式。

使用 span 和 div 标签的具体示例如下：

```
<html>
<head>
<style type = "text/css">
      span.red{font-size: 24pt; font-weight: bolder; font-family: Ariel; color: red}
</style>
</head>
<body>
   <h3>使用 span 的示例</h3>
   <p>Now is the <span> best time </span> ever!</p>
   <p>Now is the <span class = "red"> best time </span> ever!</p>
   <div style="color:blue">
   <h3>使用 div 的示例:</h3>
   <p>看看我的效果</p>
   </div>
</body>
```

</html>显示结果如图 3-25 所示。

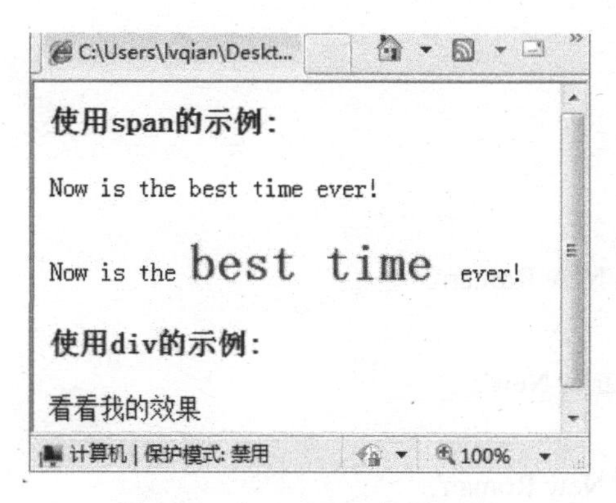

图 3-25　span 和 div 标签示意

3.5　思考练习题

1．XHTML 与 HTML 相比，有什么优势？

2．使用 CSS 给 Web 页面开发带来什么好处？

3．创建 XHTML 文档，产生如图 3-26 示效果。其中包括一个表单，8 个文本输入框，一个下拉列表（内容有钻石会员、黄金会员、普通会员），一组单选按钮，一个提交按钮和一个重置按钮。

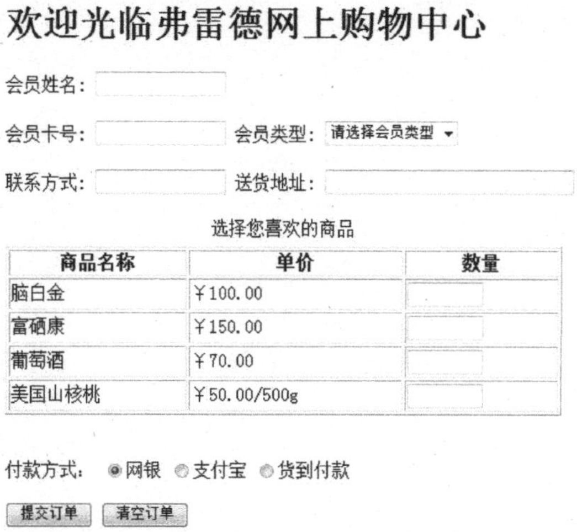

欢迎光临弗雷德网上购物中心

会员姓名：

会员卡号：　　会员类型：请选择会员类型

联系方式：　　送货地址：

选择您喜欢的商品

商品名称	单价	数量
脑白金	￥100.00	
富硒康	￥150.00	
葡萄酒	￥70.00	
美国山核桃	￥50.00/500g	

付款方式：　网银　支付宝　货到付款

提交订单　清空订单

图 3-26　题 3 图

4．创建 XHTML 文档和一个外部 CSS 文件，产生如图 3-27 示效果。

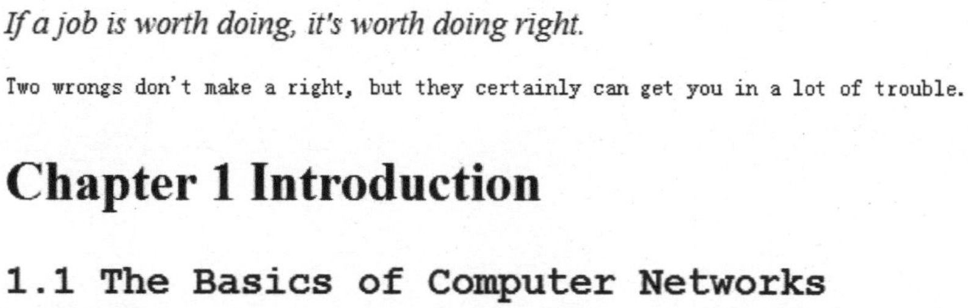

If a job is worth doing, it's worth doing right.

Two wrongs don't make a right, but they certainly can get you in a lot of trouble.

Chapter 1 Introduction

1.1 The Basics of Computer Networks

图 3-27　题 4 图

其中的样式：

（1）首行大字体

font-size: 14pt;

font-style: italic;

font-family: 'Times New Roman';

（2）次行小字体

font: 10pt bold 'Courier New';

（3）第 3 行标题

font-family: 'Times New Roman';

font-size: 24pt;

font-weight: bold

（4）第 4 行标题

font-family: 'Courier New';

font-size: 18pt

第 4 章　JavaScript

JavaScript 是一种基于对象的客户端脚本语言，可嵌入到 XHTML 文件中，并由浏览器解释执行，可用于编写动态网页。本章介绍 JavaScript 的语法，以及如何编写简单的基于 JavaScript 的 AJAX 程序。

4.1　JavaScript

4.1.1　JavaScript 概述

JavaScript 可以分为 3 部分：核心 JavaScript、客户端 JavaScript 和服务器端 JavaScript。在客户端应用的 JavaScript 是一组对象的集合，利用这些对象可以对浏览器和用户交互进行控制，如利用 JavaScript，XHTML 文档可以对单击鼠标或键盘操作等事件做出反应。应用于服务器端的 JavaScript 也是一组对象的集合，这些对象可以应用于 Web 服务器编程，如支持与数据库管理系统之间的通信。JavaScript 在服务器端的应用远少于在客户端的应用。本章主要介绍 JavaScript 在客户端的应用。

虽然从名称看有些类似，但是 JavaScript 与 Java 是完全不同的两种编程语言。JavaScript 与 Java 的区别主要表现在以下方面。

① JavaScript 的对象模型与 Java 不同。JavaScript 是基于对象的语言，而 Java 是面向对象的语言。

② JavaScript 不是强类型语言。JavaScript 变量无须事先申明，类型可以动态定义，而 Java 则为强类型语言，变量必须说明类型。

③ JavaScript 的对象是动态的。JavaScript 执行时对象的数据成员和方法的数量是可变的，而 Java 中的对象是静态的。

当然，JavaScript 与 Java 也有相同之处，如表达式的语法、赋值语句、控制语句等。相对于 Java，JavaScript 具有易学易用的优势。

JavaScript 最初的设计目标就是为 Web 链接中的服务器和客户终端提供编程能力。我们可以利用 JavaScript 完成一些本来应通过服务器端完成的编程任务；能够很容易地检测到某些事件的发生，如单击按钮或移动鼠标；还可以很容易地对用户交互进行编程。更重要的是，JavaScript 脚本可以通过文档对象模型（Document Object Model，DOM）访问并修改某个 XHTML 文档中的任何元素的 CSS 属性和内容，使得形式上的静态文本具有高度的动态性。

4.1.2　面向对象和 JavaScript

JavaScript 并不是一种面向对象的编程语言，而是一种基于对象的语言。JavaScript 中的对象封装了数据和处理，但是无法支持基于对象的继承。

在 JavaScript 中，对象是属性的集合。每个属性或者是一个数据属性，或者是一个方法属性。数据属性可以是原始值或者是对其他对象的引用。在 JavaScript 中，引用其他对象的变量一般称为对象（object），而不是引用（reference）。有时候我们简单地称数据属性为属性，而方法属性称为方法。

JavaScript 脚本中的所有函数都是对象，它们可通过变量引用。另外，在 JavaScript 对象中的属性集合是动态可变的，即随时可以添加或者删除属性。

4.1.3 基本语法特征

JavaScript 脚本可以直接或间接地嵌入到 XHTML 文档中。脚本可以作为标签<script>的内容出现。此时，标签<script>的 type 属性值（表示 MIME 类型）必须被设定为 text/javascript。这种直接嵌入 JavaScript 脚本的形式为：

```
<script type="text/javascript">
<!--
    …嵌入 JavaScript 脚本…
-->
</script>
```

上述代码中之所以把 JavaScript 脚本嵌入到 XHTML 的注释标记（<!-- … -->）中，是为了适用于那些不支持 JavaScript 的浏览器（这些浏览器将把 JavaScript 脚本作为注释而略去）。当然，现在几乎所有浏览器都支持 JavaScript 脚本，所以也可去除上述 XHTML 的注释标记。

除了在 XHMTL 文档中直接嵌入 JavaScript 脚本外，也可通过间接嵌入的方式使用 JavaScript 脚本。这种方式是通过 XHMTL 文档的标签<script>的 src 属性实现的，即将该属性值设置为包含 JavaScript 脚本的文件名称（此文件通常应该用“.js”作为扩展名）。这种方法的优点是对浏览器用户来说，JavaScript 脚本是不可见的，而且可以被多个 XHTML 文档重用。我们推荐使用这种间接嵌入的方式。其示例形式如下：

```
<script type="text/javascript" src="tst_number.js"/>
```

JavaScript 有两种注释形式。其一，如果相邻的两个斜线“//”出现在某一行中，那么该行中剩余的内容就被认为是注释（单行注释）。其二，可以用“/*”表示注释开始，用“*/”表示注释结束，其中的内容就是注释（多行注释）。

4.1.4 标识符

JavaScript 中的标识符必须以字母、下画线_或者符号$开头。接下来的字母可以是字母、下画线、$或者数字。标识符没有长度限制。变量名称中的字母是区分大小写的。

在 JavaScript 中包含了 25 个保留字，具体为：break，delete，function，return，typeof，case，do，if，switch，var，catch，else，in，this，void，continue，finally，instanceof，throw，while，default，for，new，try 和 with。

4.1.5 原始数据类型

JavaScript 有 5 种原始数据类型：数值（Number）、字符串（String）、布尔型（Boolean）、未定义的值（Undefined）和空值（Null）。

1．数值型字面量

在 JavaScript 中，所有的数值型字面量都是数值类型的，可以是整型或浮点型的格式。整型字面量完全由数字组成，而浮点型字面量可能包含小数点或者指数符号（E 或 e，如 a e b 或者 a E b 等价于 a 乘以 10 的 b 次方），或者两者兼有。下面是一些合法的数值型字面量：

72　7.2　.72　72.　7E2　7e2　.7e2　7.e2　7.2E-2

2．字符串字面量

字符串字面量是由一组字符构成的序列，且必须通过单引号（'）或者双引号（"）进行引用。定义字符串可采用如下两种方式：

var str1 = "字符串";

var str2 = new String("字符串");

字符串中可以不包含任何字符，也可以包含多个字符。字符串字面量中还可以包含转义序列，如“\n”和“\t”。如果通过单引号进行引用的字符串字面量中需要包含一个单引号本身，那么必须在字符串包含的单引号之前添加一条反斜杠\（即转义字符）。例如：

'you \ 're the most freckly person I\ 've ever met'

如果要在一个通过双引号引用的字符串字面量中包含双引号本身，则必须在字符串字面量中包含的双引号之前添加一条反斜杠。如果要在字符串字面量中包含反斜杠本身，则必须在反斜杠之前再添加一条反斜杠。例如：

"D:\\bookfiles "

空字符串可以通过' '或者" "来表示。

3．其他原始类型

布尔类型只包含两个值，分别为 true 和 false。通常情况下，这两个值是某个关系表达式或者布尔表达式的计算结果。

空类型（Null）只有一个值，就是保留字 null，它表示没有任何值。一个用于引用对象的变量，如果没有引用任何对象，那么它的值就是 null。如果将 null 解释为布尔类型，则 null 就相当于 false；如果解释为数值，那么它就是 0。

未定义类型（undefined）也只有一个值，即 undefined。不同于 null，JavaScript 中没有保留字 undefined。虽然实际上 null 和 undefined 并不相同，但是在很多情况下可以认为它们是一致的。

4.1.6 声明变量

JavaScript 是动态确定类型，变量不需要定义类型。一个变量在程序运行的不同时期可以存储不同类型的值。变量可以通过以下方式声明：变量赋值和利用保留字 var 来声明。var 声明语句中可以包含变量的初值，具体示例如下：

```
var counter,
index,
pi = 3.14159265,
quarterback = "Elway",
stop_flag = true;
```

4.1.7 操作符

1. 数值操作符

JavaScript 中包含一组典型的数值操作符。其中包括二元操作符+、–、*、/及%（求余），还包括一元操作符–（取负）、– –（递减）、++（递加）。递加和递减操作符作为前缀和后缀的作用并不一样。例如，变量 a 的值为 7，则(++a)*3 的值为 24，(a++)*3 的值为 21。但是 a 的最终值都为 8。

2. 字符串连接操作符

字符串的连接操作符是一个加号（+）。比如，first 的值为"Freddie"，则 first + " Freeloader"的值为"Freddie Freeloader"。

4.1.8 常用对象

1. String 属性和方法

JavaScript 能够在必要时将原始类型字符串值转换为 String 对象。String 对象只包含一个属性 length，但是包含了很多方法。

例如，字符串中包含字符的数目可以通过属性 length 获取：

```
var str = "George";
var len = str.length;
```

在上面的代码中，变量 len 的值为 6。

表 4-1 列举了常用的 String 方法。

表 4-1 常用的 String 方法

方 法	参 数	返 回 值
charAt	一个数值	返回 String 对象中位于指定位置的字符
indexOf	字符串，只包含一个字符	参数在 String 对象中的位置
substring	两个数值	String 对象中第一个参数指定的位置到第二个参数指定的位置之间的子字符
toLowerCase	无	将字符串中所有的大写字母转换为小写字母
toUpperCase	无	将字符串中所有的小写字母转换为大写字母

2. Date 对象

利用操作符 new 和 Date 构造函数可以很容易地创建一个 Date 对象，构造函数又可以细分为很多种不同的格式。通过不包含参数的 Date 构造函数能够创建一个带有当前日期和时间的对象，例如：

```
var today = new Date();
```

表 4-2 列出了部分常用的 Date 对象的方法。

表 4-2　常用的 Date 方法

方　　法	返　回　值
toLocaleString	一个包含 Date 信息的字符串
getDate	当前月的日期
getMonth	当前年的月份，数值范围为 0～11
getDay	当前是星期几，数值范围为 0～6
getFullYear	当前年份
getTime	自 1970 年 1 月 1 日到当前的时间总数，单位为毫秒
getHours	当前的小时数，数值范围为 0～23
getMinutes	当前的分钟数，数值范围为 0～59
getSeconds	当前的秒数，数值范围为 0～59
getMilliseconds	当前的微秒数，数值范围为 0～999

4.2　屏幕输出和键盘输入

JavaScript 可以利用 Document 对象对 XHTML 文档进行建模。而浏览器显示 XHTML 文档所在的窗口则是通过 Window 对象进行建模的。Window 对象有两个属性：document 和 window。属性 document 用于引用 Document 对象。window 属性是自引用的，即它引用的是 Window 对象。JavaScript 的默认对象是当前正在显示的 Window 对象，因此，调用其属性和方法不需要包含对象引用。

Document 对象包含多个属性和方法。其中，write 方法可用于创建脚本输出，还可以用于动态地创建 XHTML 文档内容。其输出被浏览器解释为 XHTML 代码。例如：

```
document.write("the result is:", result,"<br />");
```

Window 对象有 3 种方法来创建对话框：alert，confirm，prompt。

其中，方法 alert 用于打开一个对话框窗口，并将它的参数显示在对话框中。alert 方法的参数字符串不是 XHTML 代码，只能是纯文本形式。其换行不能用
。例如：

```
<html>
<head>
<script type="text/javascript">
  function display_alert() {
     alert("I am an alert box!!")
  }
</script>
</head>
<body>
  <input type="button" onclick="display_alert()" value="Display alert box" />
</body>
</html>
```

单击"Dis play alert box"按钮后，显示结果如图 4-1 所示。

方法 confirm 用于打开一个带有两个按钮的对话窗口。参数字符串显示在对话框中，这两个按钮标签分别为 OK 和 Cancel。confirm 方法的返回值为 Boolean 类型，用于判别用户究竟单击了哪一个按钮：单击 OK 按钮时返回 true，单击 Cancel 按钮时返回 false。例如：

```
var question = confirm("Do you want to continue this download?");
```

显示结果如图 4-2 所示。

图 4-1　alert 显示示例

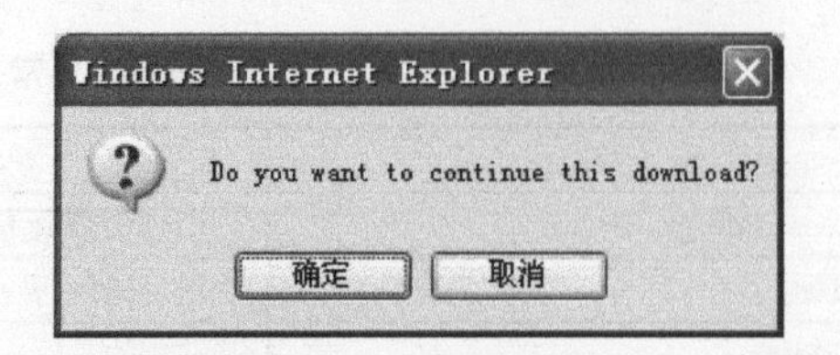

图 4-2　confirm 显示示例

方法 prompt 可用于创建一个包含输入文本框的对话窗口，包含两个按钮 OK、Cancel 和一个输入文本框。输入文本框用于收集来自用户输入的字符串。方法 prompt 有两个参数：提醒用户输入信息的字符串（即显示的信息）和一个默认字符串。例如：

name = prompt("请输入您的名字：", "");

显示结果如图 4-3 所示。

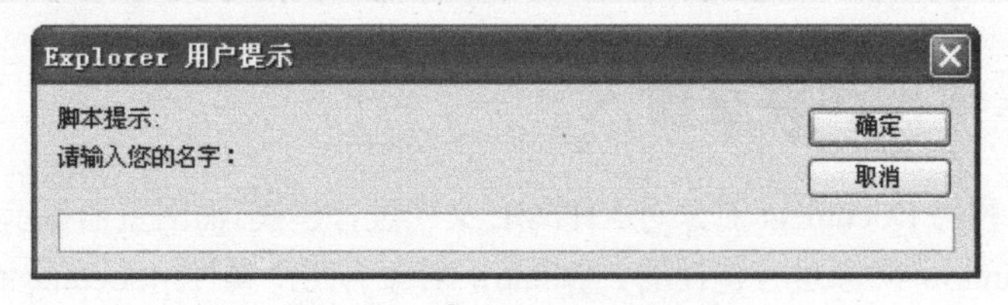

图 4-3　prompt 显示示例

下面是一个使用上述 JavaScript 对象的具体示例（输入 3 个表示一元二次方程式的系数值，计算该方程式的两个解）：

```
<html xmlns = "http://www.w3.org/1999/xhtml">
  <head> <title> Real roots of the equation </title>
  </head>
  <body>
    <script type="text/javascript">
    var a = prompt("what is the value of 'a'? \n", "");
    var b = prompt("what is the value of 'b'? \n", "");
    var c = prompt("what is the value of 'c'? \n", "");
    var root_part = Math.sqrt(b * b - 4.0 * a * c);
    var denom = 2.0 * a;
    var root1 = (-b + root_part) / denom;
    var root2 = (-b - root_part) / denom;
    document.write("The first root is: ", root1, "<br />");
    document.write("The second root is: ", root2, "<br />");
    </script>
  </body>
</html>
```

4.3　控制语句

4.3.1　控制表达式

控制表达式是语句流程控制的基础。在 JavaScript 中，它包含原始类型的值、关系表达式和复合表达式。控制表达式的结果是布尔类型的值，即 true 或 false。如果控制表达式的值是字符串，那么当该字符串既不是空字符串（" "）也不是 0 字符串时，它被解释为 true。如果是一个数值，那么当该数值不为 0 时，被解释为 true。

表 4-3 列出了关系表达式中的所有操作符。

表 4-3　关系表达式中的操作符

操　作	操 作 符	操　作	操 作 符
等于	==	小于等于	<=
不等于	!=	大于等于	>=
小于	<	严格等于	===
大于	>	严格不等于	! ==

如果两个操作数并不是同一类型，并且操作符既不是===也不是!==，那么 JavaScript 会把这两个操作数转换为同一种类型。如果一个操作数是字符串，另一个是数值，则转换为数值。如果一个是布尔值，另一个不是布尔值，则会把布尔值转换为数值（true 为 1，false 为 0）。操作符===和!==不允许进行类型转换。因此，表达式"3"===3 的结果为 false，而"3"==3 的结果为 true。

另外，JavaScript 中还定义了 AND（表示并且，也可以用&&表示）、OR（表示或者，也可以用||表示）和 NOT（表示取反，也可以用！表示）3 个布尔逻辑操作符。

4.3.2　选择语句

JavaScript 中的选择语句与 C++/Java 程序等类似，具有 if-then 和 if-then-else 的形式。例如：

```
if(a>b)
     ducoment.write("a is greater than b <br />");
else{
     a = b;
     ducoment.write("a is not greater than b <br />", "Now they are equal <br />");
}
```

4.3.3　switch 语句

JavaScript 中的 switch 语句与 C 语言中的类似，其结构如下：

```
switch (expression) {
  case value_1:
     // statement(s)
  case value_2:
     // statement(s)
  ...
  [default:
     // statement(s)]
}
```

在任何情况下，其中的 statement(s)可以是一个语句序列，也可以是一个复合语句。

下面是一个使用 switch 的具体示例：

```
<html xmlns="http://www.w3.org/1999/xhtml">
<head>
<title>Untitled Page</title>
</head>
<body>
<script type="text/javascript">
  var d = new Date()
  theDay=d.getDay()
  switch (theDay) {
    case 5:
      document.write("<b>最后的周五</b>");
      break;
    case 6:
      document.write("<b>超级星期六</b>");
      break;
    case 0:
      document.write("<b>慵懒的星期天</b>");
      break;
    default:
      document.write("<b>周末怎么还不来！ </b>");
  }
</script>
</body>
</html>
```

4.3.4 循环语句

JavaScript 中的 while 和 for 语句与 C++和 Java 程序中的类似。while 语句的通用格式如下：

while（控制表达式）

语句（或复合语句）

使用 while 的示例如下：

```
<html>
<body>
<script type="text/javascript">
  i = 0
  while (i <= 5) {
      document.write("数字是 " + i)
      document.write("<br>")
      i++
  }
</script>
<h1>解释：</h1>
<p><b>i</b> 等于 0。</p>
<p>当 <b>i</b> 小于或等于 5 时，循环将继续运行。</p>
<p>循环每运行一次，<b>i</b> 会累加 1。</p>
</body>
</html>
```

for 语句的通用格式如下：

for (初始表达式; 控制表达式; 增量表达式)

语句 或 复合语句

下面是一个简单的 for 结构示例：

```
var sum = 0;
count;
for(count = 0;count<=10;count++)
    sum +=count;
```

do-while 的通用格式如下：

```
do{
  语句或复合语句
}while (控制表达式)
```

使用 do-while 的结构示例如下：

```
do {
    count++;
    sum = sum+(sum*count);
} while (count<=50);
```

4.4 创建对象和修改对象

在 JavaScript 中，对象一般通过 new 表达式进行创建，该表达式实现了对构造函数的调用。与 Java 程序有所不同，在 JavaScript 中，new 操作符只创建了一个空对象，或者说是一个没有包含任何属性的对象。而且，JavaScript 中的对象是没有类型的。

表达式 var my_object = new Object()创建了一个对象，初始状态下，该对象没有包含任何属性。其中调用了 Object 构造函数，能够产生一个新对象，该对象没有属性，但包含一些方法。变量 my_object 用于引用这个对象。即使构造函数没有参数，在调用时也必须加()。关于构造函数的内容将在后续进行介绍。

利用符号 . 可以访问对象的属性。另外，在一些典型的面向对象语言中，类成员的数目是在编译时固定的，而在 JavaScript 中其对象中属性的数目是动态的。在解释过程中的任何时刻，都可以为对象添加属性或者从对象中删除属性。例如：

```
Var my_car = new Object();
my_car.make = "ford";
my_car.model = "contour SVT";
```

由于对象是可以嵌套的，所以我们可以创建一个新的对象，并将该对象属性作为上述对象 my_car 的一个属性：

```
my_car.engine = new Object();
my_car.engine.config = "V6";
my_car.engine.hp = 200;
```

属性的访问有两种方式。一种是以“对象.属性”的格式进行访问，另一种是将某个对象的属性作为某个数组中的元素，然后以该属性名称作为下标进行访问。例如：

```
var prop1 = my_car.make;
var prop2 = my_car["make"];
```

执行这两个语句后，prop1 和 prop2 的值都为"ford"。

4.5　数组

数组是由数字标引的一组有序元素的集合。

4.5.1　创建数组对象

JavaScript 中的数组对象使用 new 创建，例如：

```
var your_list = new Array(100);
var my_list = new Array(1,2,"three","four");
```

上述第一行语句表示创建了一个长度为 100 的数组对象。(注意，当函数后面的参数只有一个时，该数值一定表示数组元素的个数，而不是单个元素的初始值)。第二行语句创建了长度为 4 的数组对象。需要说明的是，同一个数组的元素类型可以不相同。我们可以用 for-in 语句来循环输出数组中的元素。

在 JavaScript 中，所有数组的索引都是从 0 开始的。另外，不管数组有多长，只有已经赋值的元素才占有空间，且所有数组元素都是从堆中动态分配空间的。

数组对象包含了一组非常有用的方法。例如，方法 join 能够将某个数组中所有的元素，都转换为字符串并再将它们连接成一个字符串。例如：

```
<html>
<body>
<script type="text/javascript">
  var arr = new Array(3);
  arr[0] = "George"
  arr[1] = "John"
  arr[2] = "Thomas"
  document.write(arr.join());          //默认的间隔号是用逗号隔开
  document.write("<br />");
  document.write(arr.join("."));       //用.隔开
</script>
</body>
</html>
```

George, John, Thomas
George, John. Thomas

图 4-4　数组示例

在页面中的显示结果如图 4-4 所示。

4.5.2　sort 方法

如果数组中的某些元素不是字符串，利用 sort 方法能够将它们转换为字符串，按照所有元素的字典顺序进行排序。例如：

```
<html>
<body>
<script type="text/javascript">
   var arr = new Array(6)
   arr[0] = "George"
   arr[1] = "John"
   arr[2] = "Thomas"
   arr[3] = "James"
```

```
    arr[4] = "Adrew"
    arr[5] = "Martin"
    document.write(arr + "<br />")
    document.write(arr.sort())
</script>
</body>
</html>
```

George, John, Thomas, James, Adrew, Martin
Adrew, George, James, John, Martin, Thomas

页面中的显示结果如图 4-5 所示。

图 4-5　sort 方法示例

4.5.3　concat 方法

concat 方法能够将它的参数添加到所调用的数组对象的末尾。例如：

```
<html>
<body>
<script type="text/javascript">
    var arr = new Array(3)
    arr[0] = "George"
    arr[1] = "John"
    arr[2] = "Thomas"
    var arr2 = new Array(3)
    arr2[0] = "James"
    arr2[1] = "Adrew"
    arr2[2] = "Martin"
    document.write(arr.concat(arr2))
</script>
</body>
</html>
```

George, John, Thomas, James, Adrew, Martin

页面中的显示结果如图 4-6 所示。

图 4-6　concat 方法示例

4.6　函数

4.6.1　函数的定义和调用

在 JavaScript 中，函数的定义包含了函数的标题与一组复合语句，用于描述函数的操作。其中，复合语句称为函数的主体。函数标题的形式如下：

function 函数名（可选的形式参数）

return 语句用于将控制从该语句所在的函数中返回到函数的调用者中。该语句可以包含一个表达式，表达式的值就是函数的返回值。一个函数主体可以包含一个或多个 return 语句。如果没有 return 语句，或者 return 不包含表达式，则其返回值为 undefined。

调用一个不包含参数的函数只要在函数名称后面加上一对不包含任何内容的括号即可。如调用 fun1 函数，形式为 fun1( )；调用返回值为 undefined 的函数需要一个单独的语句。调用返回值为正常的函数看起来像是表达式中的操作数。例如，fun2 是一个没有参数的函数，返回值为正常值，则形式为：result = fun2( )。

JavaScript 中的所有函数都是对象，因此引用了函数的变量可以看做是其他对象的引用。它们可以作为参数进行传递，将值赋给另外某个变量，也可以作为某个数组中的一个元素。

为了保证解释器能够在遇到函数调用之前首先遇到该函数的定义，JavaScript 一般要求将函数定义放到 XHTML 文档的头部。调用函数的具体示例如下：

```
function fun () {
    document.write("this surly is fun! <br />");
}
ref_fun = fun;  //函数赋值
//两种调用方式
fun();
ref_fun();
```

4.6.2 局部变量

变量的作用范围是指能够访问该变量的语句范围。当 JavaScript 脚本嵌入到 XHTML 文档中时，所谓变量的范围，是指在文档中的哪些行中可以访问该变量。

当 JavaScript 解释器在脚本中第一次发现那些没有利用 var 语句进行声明的变量时，它将隐式地对这个变量进行声明。隐式声明的变量的作用范围是全局的。在函数定义之外，显式声明的变量的作用范围也是全局的。

如果在一个函数中，某个变量既作为局部变量出现，又作为全局变量出现，则优先考虑作为局部变量进行处理，并隐藏这个具有统一名称的全局变量。

4.6.3 函数参数

函数参数有实参和形参两种。在函数调用过程中用到的参数值称为实参。出现在函数定义的头部并且与函数调用过程中的实参相对应的参数称为形参。JavaScript 采用按值传递的参数传递方法。对于对象来说，由于实参传递的是对象，因此函数可以访问并修改对象。

JavaScript 是动态定义类型的，因此不需对参数进行类型检查。被调用的函数能够利用操作符 typeof 自行检查参数的类型。函数调用过程中参数的数目并不与被调用函数中的形参数目进行对比检查。在函数中，超出数目的实参在传递时将被忽略，超出数目的形参将被定义为 undefined。

4.7 JavaScript 与 XHTML 文档

4.7.1 JavaScript 的执行环境

浏览器能够在客户端屏幕窗口上显示 XHTML 文档。显示 XHTML 文档的窗口是与 JavaScript 中的 Window 对象相对应的。JavaScript 中的 Document 对象用于描述所显示的 XHTML 文档的属性。每个 Window 对象都有一个名为 Document 的属性，它是针对窗口显示的 Document 对象的引用。由于一个 Window 对象可能包含多个框架，因此它还具有一个属性数组 frames，该数组中的元素代表了对某个框架（frame）的引用。

每个 Document 对象都有一个 forms 数组，数组中的每个元素是用于描述文档中的表单。forms 数组的每个元素都有一个属性为 elements 的数组，包含描述 XHTML 表单元素的对象。此外，Document 对象中还包含针对锚、链接、图片和 applet 的属性数组。

4.7.2 文档对象模型（DOM）

DOM 是一种应用程序接口（Application Programming Interface，API），定义了 XHTML 文档与应用程序之间的接口。DOM 是一种抽象模型。每种与 DOM 相连接的语言必须定义一个针对该接口的绑定。实际的 DOM 规范包含一组接口，其中每个接口都对应着一个文档树节点类型。这些接口类似于 Java 接口或者 C++抽象类，它们定义了与对应节点类型相关联的对象、方法和属性。通过 DOM，用户可以利用编程语言编写代码来创建文档，遍历整个文档结构及修改、添加或者删除文档元素或者元素中的内容。

DOM 最初的设计动机是提供一种规范，使 Java 程序和 JavaScript 脚本能够处理运行在各种浏览器上的 XHTML 文档。虽然 W3C 从来没有发布 DOM0 这样的规范，但是 DOM0 这一名称经常被早期那些支持 JavaScript 的浏览器用于描述文档模型。HTML4 规范定义了 DOM0 模型的一部分内容。W3C 的第一个 DOM 规范 DOM1 是于 1988 年 10 月发布的，它主要面对 XHTML 和 XML 文档模型。DOM2 于 2000 年 11 月发布，它制定了样式表文档模型，并说明如何将样式信息附加到一个文档中。DOM2 中还包含文档遍历方面的内容，提供了一个既完整又全面的事件模型。DOM3[①]添加了 XML 内容模式的处理、文档检验、文档视图和格式化方面的内容，并添加了一个关键事件和事件组。目前，DOM3 是 DOM 已经发布的最新版本。

DOM 文档具有一种类似于树状的结构。例如，存在下述 XHTML 文档：

```
<html xmlns = "http://www.w3.org/1999/xhtml">
<head> <title> A simple document </title>
</head>
<body>
<table>
    <tr>
        <th>Breakfast</th>
        <td> 0 </td>
        <td> 1 </td>
    </tr>
    <tr>
        <th> Lunch </th>
        <td> 1 </td>
        <td> 0 </td>
    </tr>
</table>
</body>
</html>
```

对应的 DOM 树的结构示例如图 4-7 所示。

如果要支持 DOM，则必须有对 DOM 构造的绑定。在 JavaScript 对 DOM 的绑定中，XHTML 元素是以对象的形式进行表示的，而元素属性则是作为属性进行表示的。

---

① http://www.w3.org/TR/DOM-Level-3-Core/。

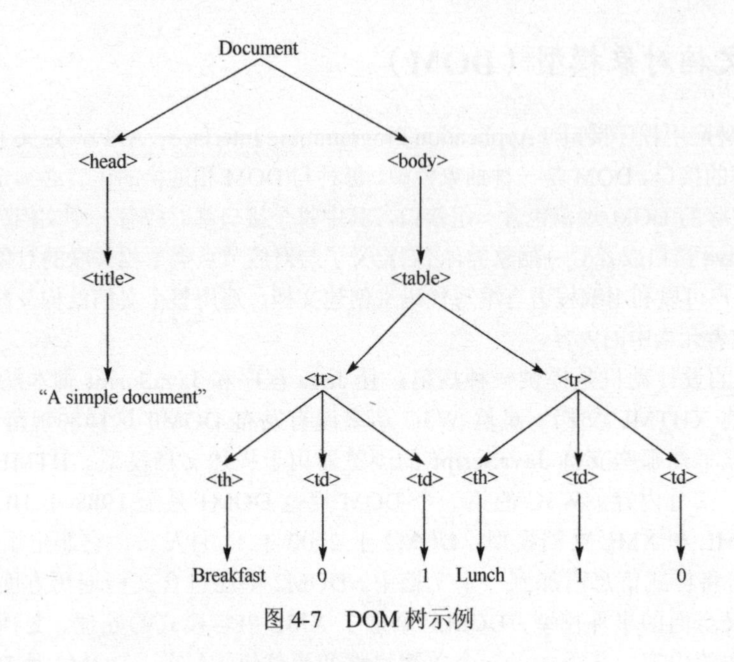

图 4-7　DOM 树示例

4.7.3　利用 JavaScript 访问元素

XHTML 文档的元素在内嵌的 JavaScript 脚本中都有对应的对象。不管是从事件的需要出发，还是从采用编码的形式对文档进行动态修改的需要出发，我们必须知道这些对象的所在位置。

在 JavaScript 程序中，有多种方式可以将对象与 XHTML 表单元素关联起来。最原始的方式（DOM 0）是使用 Document 对象 forms 数组和 elements 数组。参见下面的 XHTML 示例文档：

```
<head> <title> Access to form elements </title>
</head>
<body>
  <form action = "">
    <input type = "button" name = "turnItOn" />
  </form>
</body>
</html>
```

在这个示例中，如果采用 forms 数组和 elements 数组的形式进行描述，那么按钮对象的 DOM 地址则可以表示为如下格式：

document.forms[0].element[0]

这种方式虽然简单，但是具有明显的缺陷：如果对象涉及的元素的位置更改了，那么索引值也要做出相应的变更。

另一种 DOM 定位的方式是使用元素名称。要使用这种方法，要求被定位的元素及其主体元素之内的所有外部元素都必须包含 name 属性。

```
<head> <title> Access to form elements </title>
</head>
<body>
  <form name = "myForm" action = "">
    <input type = "button" name = "turnItOn" />
  </form>
```

```
</body>
</html>
```

采用 name 属性表示的按钮的 DOM 地址格式如下所示：

document.myForm.turnItOn

这种方法也有一个缺陷：虽然目前表单元素中的 name 属性是合法的，但是 XHTML 1.1 标准已经不允许在表单元素中出现 name 属性。

还有一种定位元素的方式就是利用 JavaScript 的方法 getElementById，这是在 DOM1 中定义的。由于不管某个元素在另一个元素中的嵌套层次有多深，该元素的标识符（id）在文档中都是独一无二的，所以通过标识符可以准确地定位到某个元素。比如，上个示例中引用按钮可以采取这种方式：document.getElementById("turnItOn")。

对于一组复选框或者单选按钮，存在一个相关联的隐式数组，其名称与该组复选框或者单选按钮的名称是一致的。隐式数组的每个元素表示对应的每个按钮。为了访问隐式数组，首先必须获得表单对象的 DOM 地址。例如：

```
<form id = "vehicleGroup">
  <input type = "checkbox" name = "vehicles" value = "car" /> Car
  <input type = "checkbox" name = "vehicles" value = "truck" /> Truck
  <input type = "checkbox" name = "vehicles" value = "bike" /> Bike
</form>
```

上例中的隐式数组为 vehicles，该数组包含 3 个元素，分别引用了 3 个对象，这 3 个对象是与这组复选框的 3 个复选框元素相关联的。对于上面的示例，下面的代码可以计算出被选中状态的复选框数目：

```
var numChecked = 0;
var dom = document.getElementById("vehicleGroup");
for (index = 0; index < dom.vehicles.length; index++)
  if (dom.vehicles[index].checked)
      numChecked++;
```

4.8　事件与事件处理

4.8.1　事件处理的基本概念

事件是某些特殊情况发生时的通知。有的事件与浏览器本身相关，如对文档的加载；而另外一部分事件是由浏览器用户操作引发的，如在一个表单按钮上单击鼠标。严格地讲，事件是由一个浏览器和 JavaScript 系统为了响应某些正在发生的情况而隐式创建的对象。

事件处理程序是一个脚本，它是隐式执行的，以响应出现的相应事件。事件处理程序能够使一个 Web 文档响应浏览器和用户的动作。由于事件是 JavaScript 对象，因此它的名称也是区分大小写的。所有事件对象的名称都是由小写字母组成的，如 click 是一个事件，但 Click 就不是一个事件。

将事件处理程序连接到事件的过程称为注册。注册事件处理程序有两种方式，一种是在 XHTML 文档中将标签的事件属性关联到事件处理程序，另一种是在 JavaScript 代码中将事件处理程序地址赋值给对象属性。

4.8.2 事件、属性和标签

常用事件已经存在相应的 XHTML 标签属性，这些标签属性可以将事件与事件处理程序关联起来。表 4-4 列出了一些常用的与事件关联的 XHTML 标签属性。注意：在很多情况下，同一个属性可能会出现在多个标签中。

表 4-4 事件与 XHTML 标签属性

属 性	标 签	描 述
onblur	<a>	链接失去焦点
	<button>	按钮失去焦点
	<input>	输入元素失去焦点
	<textarea>	文本域失去焦点
	<select>	选择元素失去焦点
onchange	<input>	输入元素改变而且失去焦点
	<textarea>	文本域改变而且失去焦点
	<select>	选择元素改变而且失去焦点
onclick	<a>	用户单击链接
	<input>	用户单击输入元素
ondblclick	大多数元素	用户双击鼠标左键
onfocus	<a>	链接获得输入焦点
	<input>	输入元素获得输入焦点
	<textarea>	文本域获得输入焦点
	<select>	选择元素获得输入焦点
onkeydown	<body>，表单元素	一个按键被按下
onkeypress	<body>，表单元素	一个按键被按下又松开
onkeyup	<body>，表单元素	按键被松开
onload	<body>	完成加载

在 XHTML 文档中，可采用如下方式将事件处理程序脚本关联到某个事件：

```
<input type="button" name="myButton" onclick="alert('You clicked the button!')"/>
```

在很多情况下，事件处理程序不止包含了一行语句。对于这种情况，一般采用函数的形式来定义事件处理程序，属性值的字面量字符串就是对函数的调用：

```
<input type="button" name="myButton" onclick="myHandler()"/>
```

4.8.3 处理主体元素事件

由主体元素导致的事件绝大部分都是 load 和 unload。

当用户进入或离开页面时就会触发 onload 和 onUnload 事件。onload 事件常用来检测访问者的浏览器类型和版本，然后根据这些信息载入特定版本的网页。onload 和 onUnload 事件也常被用来处理用户进入或离开页面时有关 cookies 的操作。例如，当某用户第一次进入页面时，可以使用消息框来询问用户的姓名。姓名会保存在 cookies 中。当用户再次进入这个页面时，可以使用另一个消息框来与这个用户打招呼，如"Welcome John!"。

具体示例如下：

```
<html>
<head> <title> onLoad event handler </title>
    <script type="text/javascript">
    function load_greeting() {
        alert("您好，欢迎您！ ");
    }
    </script>
</head>
<body onload = "load_greeting();">
<p />
</body>
</html>
```

显示结果如图 4-8 所示。

图 4-8　onload 事件

4.8.4　处理表单按钮的事件

XHMTL 文档中的表单为搜集浏览器用户的简单输入信息提供了一种既简单又有效的途径。对于按钮操作创建的最常用的事件为 click（单击）。

1．普通按钮

普通按钮用于处理一些简单的情况，例如：

```
<input type="button" name="freeOffer" id="freeButton"/>
```

通过 input 的属性 onclick 可以为按钮注册一个事件处理函数，例如：

```
<input type="button" name="freeOffer"  id="freeButton" onclick="freebuttonHandler( )"/>
```

通过将事件处理函数赋予按钮对象的关联事件属性也可以完成注册，这是第 2 种注册事件处理程序的方式：

```
document.getElementById("freeButton").onclick =freeButtonHandler;
```

该语句必须出现在事件处理函数和表单元素的定义之后。

2．复选框和单选按钮

下面的示例中包含一组单选按钮，用户可以通过这些按钮选择某种水果。例如：

```
<html>
<head>
<title> 显示按钮信息</title>
    <script type = "text/javascript" >
    function fruitChoice(fruit){
        switch(fruit) {
            case 1:
                alert("五月杨梅已满林，初疑一颗价千金。");
                break;
            case 2:
                alert("一骑红尘妃子笑，无人知是荔枝来。");
                break;
```

```
                case 3:
                    alert("江南有丹桔，经冬犹绿林。");
                    break;
                default:
                    alert("Error in JavaScript function fruitChoice");
                    break;
            }
        }
    </script>
    </head>
    <body>
      <h4> 看看古人对水果的描绘吧！ </h4>
      <form id = "myForm" action = "handler">
        <p>
          <input type = "radio" name = "fruitButton"   value = "1" onclick = "fruitChoice(1)" />
          杨梅
          <br />
          <input type = "radio" name = "fruitButton"   value = "2"
                onclick = "fruitChoice(2)"/>
          荔枝
          <br />
          <input type = "radio" name = "fruitButton" value = "3"
                onclick = "fruitChoice(3)"/>
          桔子
          <br />
      </form>
</body>
</html>
```

显示的结果如图 4-9 所示。

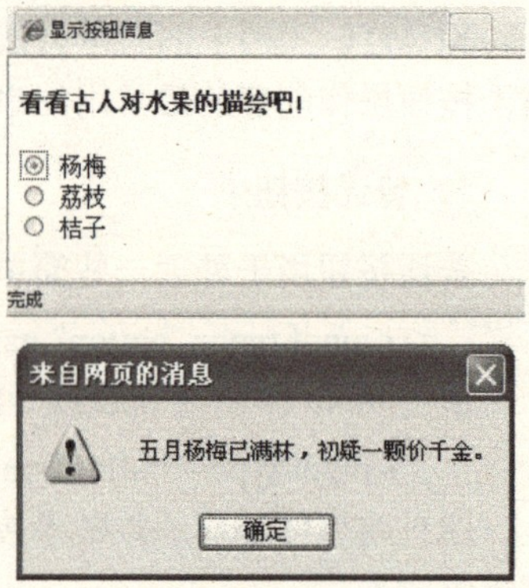

图 4-9　单击单选按钮后的效果示例

3．文本框

文本框能够引发 4 种事件：blur、focus、change 和 select。

这里举例说明如何使用 focus 事件。假定我们在将订单提交到服务器进行处理之前，首先利用 JavaScript 预先计算该订单的总价格，那么一些居心叵测的用户可能会在订单提交之前修改总价格的值。但是，可以通过事件处理程序阻止对文本框的内容的修改。该事件处理程序的作用在于用户每次试图将焦点赋予该文本框时，程序总是使得无法获得焦点。利用 blur 方法可以强制某个元素失去焦点。例如：

```
<html>
<head>
    <title> nochange.html </title>
    <!-- Script for the event handlers -->
    <script type = "text/javascript">
      function bookCost(){
        var jobs=document.getElementById("Jobs").value;
        var youth=document.getElementById("Youth").value;
```

```
        document.getElementById("cost").value=jobs*68+youth*29;
    }
  </script>
</head>
<body>
  <form action="">
    <h3>书目订单</h3>
    <table border="border">
      <tr>
        <th>书名</th>
        <th>作者</th>
        <th>价格</th>
        <th>数量</th>
      </tr>
      <tr>
        <th>史蒂夫·乔布斯传</th>
        <th>沃尔特·艾萨克森</th>
        <td>68 元</td>
        <td> <input type="text" id="Jobs" size="2" /> </td>
      </tr>
      <tr>
        <th>青春</th>
        <th>韩寒</th>
        <td> 29 元 </td>
        <td> <input type="text" id="Youth" size="2" /> </td>
      </tr>
    </table>
    <p>
      <input type="button" value="总计" onclick="bookCost();" />
      <input type="text" size="5" id="cost" onfocus="this.blur();" />
    </p>
    <p>
      <input type="submit" value="提交订单" />
      <input type="reset" value="取消订单" />
    </p>
  </form>
</body>
</html>
```

书目订单

书名	作者	价格	数量
史蒂夫·乔布斯传	沃尔特·艾萨克森	68元	1
青春	韩寒	29元	2

总计 126

提交订单 取消订单

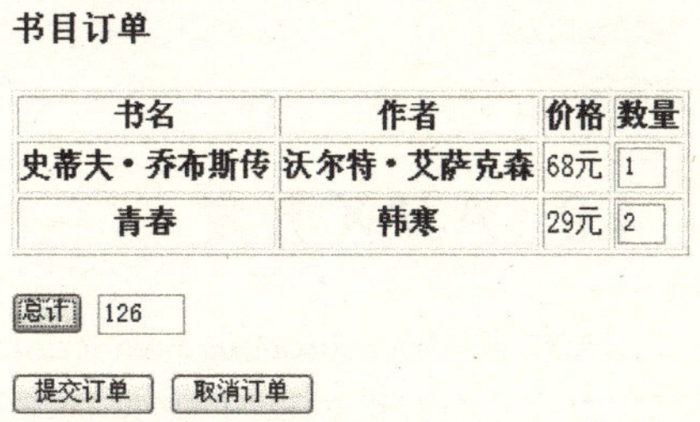

图 4-10 文本框效果示例

显示结果如图 4-10 所示。注意：总计栏后的价格总计是无法获得焦点的。

4.8.5 检验表单输入

JavaScript 能够将数据检验的部分任务从通常比较繁忙的服务器端转移到客户端。

为防止用户没有正确地填写某个表单输入元素，可以编制一个 JavaScript 事件处理函数以进行如下操作：首先，产生一个 alert 消息，将错误信息显示给用户，并指定该输入的正确格式；然后，使该输入元素获得焦点，将鼠标光标定位到该元素中，这可以通过 focus 方法完成。获得焦点的示例语句如下（该语句能将鼠标光标放到文本框 phone 中，其中元素的 id 为 phone）：

document.getElementById("phone").focous( );

最后，处理函数选定该元素，并高亮显示该元素中的文本。这可通过 select 方法完成：

document.getElementById("phone").select( );

如果某个事件处理程序返回值为 false，那么其含义为通知浏览器不要执行该事件的任何默认操作。这通常在 submit 按钮的事件处理程序中使用。

如果一个表单要求用户输入密码，而且该密码将应用到将来的会话中，那么一般会要求用户连续两次输入同一个密码，以便进行确认。利用 JavaScript 函数可以判断这两个密码是否一致。例如：

```
<head>
<title> Illustrate password checking> </title>
    <script type = "text/javascript" >
          function chkPasswords() {
                var init = document.getElementById("初始密码");
                var sec = document.getElementById("再次输入");
                if (init.value == "") {
                  alert("您还没有输入密码，\n" + "请输入！ ");
                  init.focus();
                  return false;
                }
                if (init.value != sec.value) {
                  alert("两次输入的密码不一致！ \n" + "请重新输入！ ");
                  init.focus();
                  init.select();
                  return false;
                }
                else
                  return true;
          }
    </script>
</head>
```

4.9 AJAX 开发

AJAX，即 Asynchronous JavaScript And XML（异步 JavaScript 和 XML 技术），是一种用于创建更好更快及交互性更强的 Web 应用程序的技术。通过在后台与服务器交换少量数据的方式，AJAX 允许网页进行异步更新。换句话说，使用 AJAX 技术，可在不需重新加载整个网页的情况下更新部分网页。

传统的 Web 应用模式是通过页面上的网页链接或者通过提交表单数据更新页面。其中的每次交互都需要向服务器发送请求，等待服务器响应，最后刷新整个页面。这个过程可能耗费时间过长，从而造成用户的体验很差。实际上，很多时候需要更新的不是整个网页内容，而仅仅是其中很少的一部分内容，这时采用 AJAX 技术就可以解决这个问题。

基于 AJAX 技术的 Web 应用模式的核心是采用异步交互过程，即在浏览器后台加载一个

AJAX 引擎，通过这个 AJAX 引擎在浏览器后台处理浏览器与服务器之间的传递数据的交互行为。由于不涉及整个页面的刷新，AJAX 技术减少了浏览器和服务器之间需要传递的数据量和用户等候时间。

4.9.1 AJAX 交互模式

前面讲过，构建 Web 应用程序用户界面的很多 XHTML/HTML 控件支持各种事件触发机制，包括键盘事件、鼠标事件、焦点事件、载入/载出事件等。使用 AJAX 的第一步是在目标控件中添加事件触发属性，即在这些事件触发属性中指定用户触发事件时将调用的 JavaScript 处理函数。

如果采用了 AJAX 交互模式，JavaScript 事件处理函数要按照下列顺序处理事务。

① 初始化 XMLHttpRequest 对象。

② 设置 XMLHttpRequest 对象的 onreadystatechange 属性，指定服务器返回响应数据时要调用的回调函数，即响应处理函数。

③ 调用 XMLHttpRequest 对象的 open 方法，创建 HTTP 请求。

④ 调用 XMLHttpRequest 对象的 setResouceHeader 等方法，设置必要的 HTTP 请求头信息。

⑤ 调用 XMLHttpRequest 对象的 send 方法，发送之前创建 HTTP 请求。

⑥ 根据 XMLHttpRequest 对象的 open 方法参数，决定等待或者不等待服务器返回的响应数据。如果服务器返回响应数据，则将控制权交给之前设置的回调函数。

AJAX 采用异步传输方式，由于不希望回调函数立即执行，所以回调函数应该首先判断 HTTP 请求的状态，之后再做相应处理。按照此顺序，回调函数应该执行下列事务。

① 判断 HTTP 请求的状态，并做相应处理。只有当 HTTP 请求发送完成且服务器成功响应了 HTTP 请求，即 XMLHttpRequest 对象属性 readyState 为 4、同时 status 属性为 200 时，才能做进一步的处理。

② 调用 XMLHttpRequest 对象的 responseXML 或者 responseText 方法，将服务器返回的响应数据赋予 JavaScript 变量或者对象。

③ 使用 DOM 或者其他方式解析服务器返回的响应数据。

④ 使用 DOM 解析 XHTML/HTML 文档，定位目标 XHTML/HTML 文档节点。

⑤ 使用解析完毕的响应数据，更新上一步解析获取的 XHTML/HTML 文档节点的属性值或者内容。

4.9.2 XMLHttpRequest 简介

XMLHttpRequest 是 AJAX 的基础，这是 JavaScript 的一个对象，用于在浏览器后台与服务器交换数据。XMLHttpRequest 在客户端执行过程中向服务器发送 HTTP 请求，然后解析服务器返回的 XML 数据格式的响应结果。在使用 XMLHttpRequest 对象发送请求和处理响应之前，必须先用 JavaScript 创建一个 XMLHttpRequest 对象。

下面是创建一个 XMLHttpRequest 对象的例子：

```
xmlhttp = new XMLHttpRequest( );
```

为了适应各种浏览器，在创建 XMLHttpRequest 对象前需要检查浏览器是否支持 XMLHttpRequest 对象。如果支持，则创建 XMLHttpRequest 对象；否则，创建一个 ActiveXObject 对象。例如：

```
<script language="javascript" type="text/javascript">
  var xmlhttp;
  if (window.XMLHttpRequest){
    // code for IE7+, Firefox, Chrome, Opera, Safari
    xmlhttp=new XMLHttpRequest();
  }
  else {
    // code for IE6, IE5
    xmlhttp=new ActiveXObject("Microsoft.XMLHTTP");
  }
</script>
```

XMLHttpRequest 的常用方法如表 4-5 所示，XMLHttpRequest 的常用属性如表 4-6 所示。

表 4-5　XMLHttpRequest 的常用方法

方　法	描　述
abort( )	停止当前请求
getAllResponseHeaders( )	把 HTTP 请求的所有响应头部作为键/值对返回
getResponseHeader(header)	返回指定头部的字符串值
open(method, url, async)	建立对服务器的连接，其中 method 为请求的类型（GET 或 POST），url 为请求文件在服务器上的位置，async 表示异步（true）或同步（false）。一般情况下，不会使用 async=false
send(string)	向服务器发送请求
setRequestHeader(header, value)	把指定头部设为所提供的值，在设置任何头部之前必须先调用 open( )

表 4-6　XMLHttpRequest 的常用属性

属　性	描　述
onreadystatechange	每个状态改变时都会触发这个事件处理器，通常会调用一个 JavaScript 函数
readyState	请求的状态：0 表示未初始化，1 表示正在加载，2 表示已加载，3 表示交互中，4 表示完成
responseText	服务器的响应，表示为一个串
responseXML	服务器的响应，表示为 XML
Status	服务器的 HTTP 状态码，200 对应 OK，404 对应 Not Found，等等
statusText	服务器的 HTTP 状态码的响应文本

4.9.3　使用 XMLHttpRequest

使用 XMLHttpRequest 可以发送 GET 请求和 POST 请求，或者获得来自服务器的响应。在下面的示例中，xmlhttp 均指一个 XMLHttpRequest 对象。

例如，发送一个简单的 GET 异步请求：

```
xmlhttp.open("GET", "demo_get.jsp?fname=Bill & lname=Gates" , true);
xmlhttp.send( );
```

这里，open( )方法中的 url 是服务器上的文件地址，该文件可以是任何类型的文件。当使用 async=true 时，说明请求了一个异步连接，即在服务器接收并响应 HTTP 请求期间，其下面的代码会继续执行，而当服务器返回响应数据时，回调函数将被调用执行。

服务器在后台处理请求时，用户仍然可以使用表单，这时需要指定响应 onreadystatechange 事件中的就绪状态时应执行的函数。例如：

```
xmlhttp.onreadystatechange=function() {
    if (xmlhttp.readyState==4 && xmlhttp.status==200) {
        document.getElementById("myDiv").innerHTML=xmlhttp.responseText;
    }
 }
```

上述代码中的 xmlHttp 对象的 onreadystatechange 属性告诉服务器在运行完成后做什么。

如需获得来自服务器的响应，需要使用 XMLHttpRequest 对象的 responseText 或者 responseXML 属性，它们分别获得字符串形式和 XML 形式的响应数据。例如：

```
function updatePate(){
    if(xmlHttp.readyState==4 && xmlhttp.status==200){
      var response = xmlHttp.responseText;
      document.getElementById("zipCode").value = response;
    }
}
```

这段代码很容易理解，表示正在等待服务器调用，如果响应就绪，则使用服务器的返回值设置另一个表单字段的值。

下面看一个关于如何使用 XMLHttpRequest 的完整示例：

```
<html>
<head>
<script type="text/javascript">
function loadXMLDoc() {
var xmlhttp;
var txt,x,i;
if (window.XMLHttpRequest) {
  // code for IE7+, Firefox, Chrome, Opera, Safari
  xmlhttp=new XMLHttpRequest();
}
else {
  // code for IE6, IE5
  xmlhttp=new ActiveXObject("Microsoft.XMLHTTP");
}
xmlhttp.onreadystatechange=function() {
  if (xmlhttp.readyState==4 && xmlhttp.status==200) {
    xmlDoc=xmlhttp.responseXML;
    txt="";
    x=xmlDoc.getElementsByTagName("title");
    for (i=0;i<x.length;i++) {
      txt=txt + x[i].childNodes[0].nodeValue + "<br />";
    }
    document.getElementById("myDiv").innerHTML=txt;
  }
  xmlhttp.open("GET","/ajaxlab/song.xml",true);
  xmlhttp.send();
}
</script>
```

```
</head>
<body>
<h2>我的音乐收听</h2>
<div id="myDiv"></div>
<button type="button" onclick="loadXMLDoc()">单击获得我的音乐列表</button>
</body>
</html>
```

上述代码中的 innerHTML 属性是一个字符串，用来设置或获取位于对象起始和结束标签内的 XHTML/HTML。几乎所有的元素都有 innerHTML 属性。

/ajaxlab/song.xml 文件的代码如下：

```
<?xml version="1.0" encoding="gbk" ?>
<songlist>
    <song catagory="classic">
        <title>海阔天空</title>
        <author>Beyond</author>
    </song>
    <song catagory="youth">
        <title>青花瓷</title>
        <author>周杰伦</author>
    </song>
    <song catagory="rock">
        <title>改变自己</title>
        <author>王力宏</author>
    </song>
    <song catagory="youth">
        <title>麦芽糖</title>
        <author>周杰伦</author>
    </song>
</songlist>
```

显示结果如图 4-11 所示。

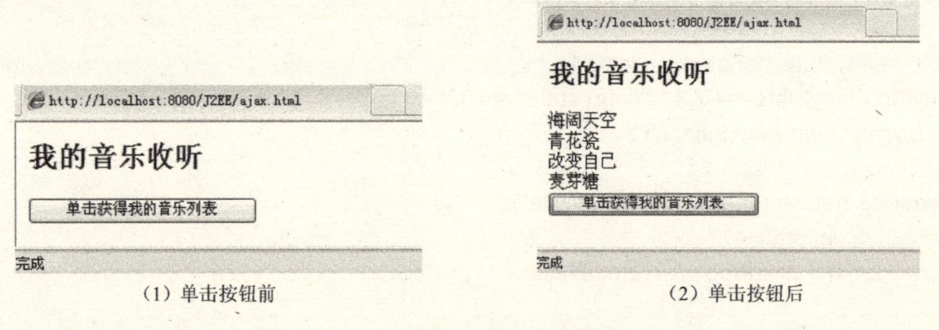

（1）单击按钮前　　（2）单击按钮后

图 4-11　XMLHttpRequest 使用效果示例

4.9.4　EXT JS 开发

AJAX 作为 Web 2.0 的基石，是 Web 2.0 网站开发不可或缺的内容。在 AJAX 涉及的相关技术中，JavaScript 担任了最重要的角色。但是，通过 JavaScript 编写 AJAX 的工作量很大，所以在实际开发过程中需要采用一些现成的 AJAX 框架来帮助我们编写 AJAX 代码。目前，流行的 AJAX 框架有 jQuery、EXT JS、Mootools、Dojo 等。作为示例，本节简单介绍如何利用 EXT JS 进行开发。

EXT JS 是一个与后台技术无关的前端 AJAX 框架，具有非常丰富的 JavaScript 控件库，其本身也是由 JavaScript 编写的，主要用于创建前端用户界面。EXT JS 可从其官方网站（http://www.sencha. com/products/extjs/）下载。开发 EXT JS 应用时，需要导入一些 EXT JS 的库文件，其中最主要的有：

① ext-all.js，adapter/ext/ext-base.js：包含 EXT JS 的所有基本功能。

② build/locale/ext-lang-zh_CN.js：包含与中文翻译有关的内容。

③ resources 目录：包含一些 CSS 样式表和图片。

下面是一个示例性的采用 EXT JS 技术的 index.html 文件：

```
<link rel="stylesheet" type="text/css" href="../../resources/css/ext-all.css" />
<script type="text/javascript" src="../../adapter/ext/ext-base.js"></script>
<script type="text/javascript" src="../../ext-all.js"></script>
<script type="text/javascript" src="../examples.js"></script>
<script>
  //ext.onReady 是指在整个页面加载完后执行
  Ext.onReady(function(){Ext.MessageBox.alert('helloworld', 'Hello World.'); });
</script>
```

在浏览器中，该文件的运行结果如图 4-12 所示。

EXT JS 提供了很多易用的显示控件，如表格（GridPanel）、表单（FormPanel）、单选框（Checkbox）、多选框（Radio）、文本框（TextField），等。下面是一个自定义的对话框例子：

```
Ext.MessageBox.show({
    title: '多行输入框',
    msg: '你可以输入好几行',
    buttons: Ext.MessageBox.OKCANCEL,   //包含 OK 和 Cancel 两种按钮
    multiline: true,                    //允许多行
    fn: function(btn, text) {
        alert('你点击的是 ' + btn + '，输入的内容是 ' + text);
    }
});
```

该对话框的显示效果如图 4-13 所示。

图 4-12　EXT JS helloworld 示例

图 4-13　EXT JS 之对话框示例

4.10 思考练习题

1．JavaScript 中有哪些方法可以定位表单元素（即将对象与 XHTML 表单元素关联起来）？

2．设计一个 XHTML 表单用于输入水果订单。可填入苹果和橘子的个数，单击“提交”按钮后，使用 JavaScript 技术计算水果订单的总价。其中，1 个苹果 2 元，1 个橘子 1 元，总价为苹果总价和橘子总价之和再外加 5%税费。

3．什么是 AJAX？AJAX 框架在开发 AJAX 应用时可起到什么样的作用？

4．简述采用 XMLHttpRequest 的异步交互模式。

第 5 章　Servlet 基础

本章主要介绍 Servlet 的基本原理和开发基础，包括：与 Servlet 相关的基本概念，如何通过 Servlet 处理 Cookie 和 Session、Java Web 应用结构、过滤器的应用等。此外，本章还通过一个简单的 Servlet 程序讲述 Servlet 开发和部署的全过程。

5.1　Servlet 概述

如果浏览器在不同时刻或不同条件下访问 Web 服务器上的某个页面，浏览器所获得的页面内容可以发生变化，则这个页面称为动态网页。浏览器只关心如何显示和处理 Web 服务器所返回的内容，浏览器处理动态网页与静态网页的方式完全相同，动态网页的生成必须依靠服务器端技术。

Servlet 技术就是在服务器端生成动态网页的一种方式。之所以称为 Servlet，是因为采用这种技术，我们需要开发一些实现了 Servlet 接口的 Java 类，也就是所谓的 Serlvet 类。实例化了的 Servlet 对象运行在服务器端，用于处理来自客户端的请求，如完成创建并返回基于客户请求的动态 HTML 页面，或者与其他服务器资源（如数据库或基于 Java 的其他应用程序）进行通信等。

Servlet 是先于 JSP 出现的一种服务器端技术。实际上，JSP 最终也是被服务器转换为 Servlet 类。在 Servlet 技术出现以前，服务器端一般采用公共网关界面（Common Gateway Interface，CGI）技术。采用 CGI 技术，需要使用 Perl、Shell Script、C 等语言编写运行在服务器端的 CGI 程序。绝大多数的 CGI 程序被用来解释处理来自表单的输入信息，并在服务器产生相应的处理，或者将相应的信息反馈给浏览器。CGI 的处理步骤可表示如下：

① 通过 Internet，把用户的请求信息发送到服务器。

② 服务器接收用户请求，并转交给 CGI 程序处理。

③ CGI 程序把处理结果传给服务器。

④ 服务器把结果返回给用户。

CGI 技术使得动态网页技术成为可能，开辟了动态网页应用的新时代。但是它也存在诸如移植性差、性能差等缺点。Servlet 的工作原理与 CGI 相似，完成的功能也与 CGI 相同，但是相对于 CGI 具有下列优点：

① 易开发，由于支持内置对象（如 request、response、session、application 等），Servlet API 的应用不需要处理参数传递及解析。

② Servlet 具有 Java 应用程序的所有优势：可移植、易开发、稳健。

③ 一个 Servlet 进程被客户端发送的第一个相应请求激活，直到 Web Server 卸载时才被卸载。在这期间，该 Servlet 进程一直在等待以后请求。每当一个相应请求到达时生成一个新的线程，这样一个进程可以服务多个客户，大大节省了内存和 CPU 资源。

正是由于上述特点，Servlet 技术作为 Java EE 的核心之一，从其一诞生起就成为 Web 开发的主流技术之一。

5.2 Servlet 容器

Servlet 自身没有 main()方法，它需要一个专门的 Web 服务程序模块来解释执行，称为 Servlet 容器，也称为 Servlet 引擎。Tomcat 就是一个常用的 Servlet 容器。当 Web 服务器应用得到一个指向 Servlet 的请求时，服务器不是把这个请求直接交给 Servlet 本身，而是转交给部署该 Servlet 的容器。只有容器与浏览器直接交换信息，Servlet 程序不与浏览器进行信息交换。所以，要理解 Servlet 的执行过程与生命周期，必须先理解 Servlet 容器。

Servlet 容器是 Web 服务器或 Java EE 应用服务器的一部分。Servlet 不能独立运行，必须被部署到 Servlet 容器中，由容器来实例化和调用 Servlet 的方法，Servlet 容器在 Servlet 的生命周期内管理 Servlet。一般情况下，Servlet 容器具有如下功能。

① 容器提供了各种方法，使得 Servlet 可以实现与 Web 服务器对话。用户只需考虑如何在 Servlet 中实现业务逻辑。

② 容器控制 Servlet 的生命周期。容器负责加载、实例化和初始化 Servlet、调用 Servlet 方法、销毁 Servlet 实例。

③ 容器支持多线程管理。容器接收 Servlet 请求时，容器自动为其创建新线程，运行完成时，容器结束线程。

④ 容器为 Servlet 的可移植性提供了可能。利用容器，可以使用 XML 部署描述文件来配置和修改安全性，不需将其编码写到 Servlet 类代码中。

⑤ 容器负责将一个 JSP 文件转译成一个 Servlet。

通过以上分析，不难发现，Servlet 的运行过程与生命周期实际上由 Servlet 容器来控制。一个来自于浏览器的 Servlet 请求一般按如下顺序被响应。

① Servlet 容器检测是否已经装载并创建了该 Servlet 的实例对象。如果是，则直接执行④，否则执行②。

② 装载并创建该 Servlet 的实例对象。

③ 调用 Servlet 实例对象的 init()方法。

④ 创建一个用于封装 HTTP 请求消息的 HttpServletRequest 对象和一个代表响应消息的 HttpServletResponse 对象，然后调用 Servlet 的 service()方法，并将上述请求和响应对象作为参数传递进去。

⑤ Web 应用程序被停止或重新启动之前，Servlet 容器将卸载 Servlet，并在卸载之前调用 Servlet 的 destroy()方法。

上述对 Servlet 请求的响应过程如图 5-1 所示。

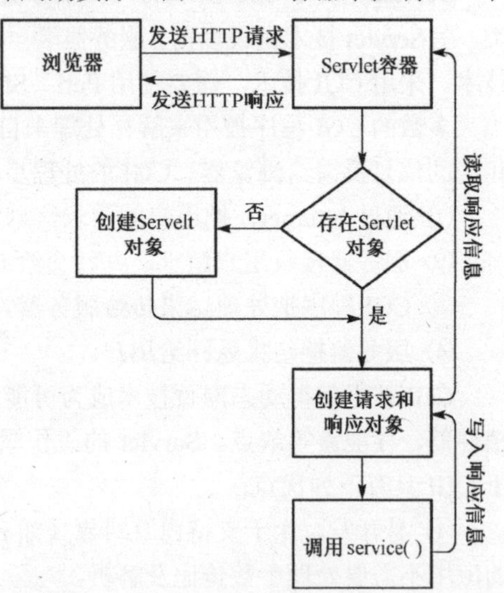

图 5-1　对 Servlet 请求的响应过程

5.3 Servlet 生命周期

Servlet 生命周期定义了一个 Servlet 如何被加载和被初始化，怎样接收请求、响应请求和提供服务，以及如何被卸载。Servlet 运行在 Servlet 容器中，其生命周期由容器来管理。Servlet 的生命周期通过 javax.servlet.Servlet 接口中的 init()、service()和 destroy()方法来表示。

一个完整的 Servlet 生命周期包含了下面 4 个阶段。

1．加载和实例化

Servlet 容器负责加载和实例化 Servlet。在默认情况下，当第一次请求访问某个 Servlet 时，容器就会创建（实例化）该 Servlet 实例①。Servlet 容器可以从本地文件系统、远程文件系统或者其他网络服务中，通过类加载器加载 Servlet 类，成功加载后，容器创建 Servlet 的实例。

2．初始化

在 Servlet 实例化之后，容器将调用 Servlet 的 init()方法初始化这个对象。初始化的目的是让 Servlet 对象在处理客户端请求前完成一些必需的工作，如建立数据库连接、获取配置信息等。在初始化期间，Servlet 实例可以使用容器为它准备的 ServletConfig 对象从 Web 应用程序的配置信息中获取相关参数信息。

如果发生错误，Servlet 实例可以抛出 ServletException 异常或者 UnavilableException 异常来通知容器。ServletException 异常用于指明一般的初始化失败，如没有找到初始化参数；UnavailableException 异常则用于通知容器该 Servlet 实例不可用，如数据库服务器没有启动、数据库连接无法建立等。

3．请求处理

Servlet 容器调用 Servlet 的 service()方法对请求进行处理。在 service()方法中，Servlet 实例通过 ServletRequest 对象得到客户端的相关信息和请求信息，在对请求进行处理后，调用 ServletResponse 对象的方法设置响应信息。

4．服务终止

当 Web 应用被终止，或 Servlet 容器终止运行，或 Servlet 容器重新装载 Servlet 的新实例时，容器就会调用实例的 destroy()方法，让该实例释放它所占用的资源，随后该实例会被 Java 的垃圾收集器回收。如果再次需要这个 Servlet 处理请求，Servlet 容器会创建一个新的 Servlet 实例。

在 Servlet 的整个生命周期中，创建 Servlet 实例、调用实例的 init()和 destroy()方法都只执行一次。针对客户端的多次 Servlet 请求，服务器只会创建一个 Servlet 实例对象。Servlet 实例对象一旦创建，Servlet 容器将该实例保存在内存中，通过调用它的 service( )方法，为接收到的请求服务，直至 Servlet 服务终止，Servlet 实例对象才会销毁。描述 Servlet 生命周期的 UML 序列图如图 5-2 所示。

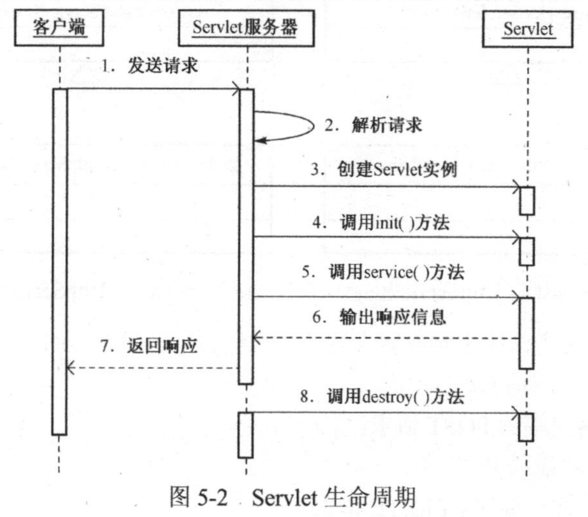

图 5-2　Servlet 生命周期

① 在 Web 应用程序的配置文件（即 web.xml）中，<servlet>元素中嵌套了一个<load-on-startup>子元素，如果其值为正整数，Web 应用程序在启动时就会装载并创建 Servlet 实例对象，以及调用 init()方法，值越小，表示装载的时间越早。

5.4 Servlet API

Servlet API（Application Programming Interface）是 Servlet 规范定义的一套专门用于开发 Servlet 程序的 Java 类和接口。Servlet API 由两个包组成：javax.servlet 和 javax.servlet.http。

5.4.1 Servlet 类、请求和响应

根据 Servlet 规范，任何一个 Servlet 类必须实现 javax.servlet.Servlet 接口。Servlet 接口定义了一个 Servlet 容器与 Servlet 程序之间的通信协议。为简化 Servlet 程序的编写，Servlet API 中也提供了一个实现 Servlet 接口的 GenericServlet 类，这个类实现了 Servlet 程序中的基本特征和功能。Servlet API 中还提供了一个专门用于 HTTP 协议的 HttpServlet 类。HttpServlet 类是 GenericServlet 类的子类，在 GenericServlet 类的基础上进行了一些针对 HTTP 特点的扩充。为了充分利用 HTTP 协议的功能，一般情况下，都应将自己编写的 Servlet 作为 HttpServlet 类的子类。但是由于 HttpServlet 类是一个抽象类，开发者必须在自己定义的继承类中实现 HttpServlet 类的所有方法（如处理 get 请求的 doGet()，处理 post 请求的 doPost()）。它们三者的关系如图 5-3 所示。

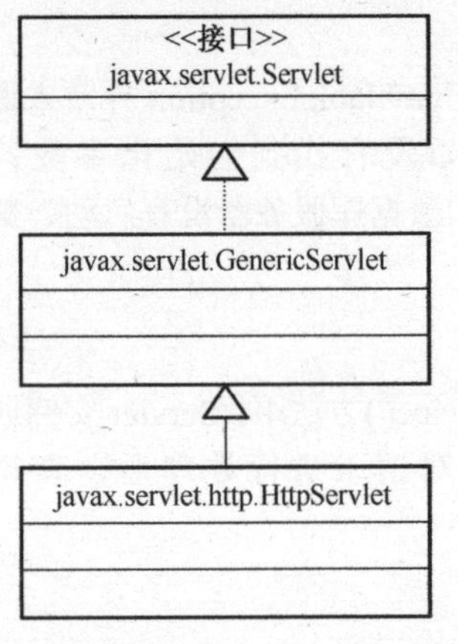

图 5-3 Servlet、GenericServlet 与 HttpServlet 的关系

这样，根据 Servlet 规范，任意一个 Servlet 必须采用如下方式进行定义：

```
public class MyServlet extends javax.servlet.http.HttpServlet
```

HttpServlet 类的很多方法用到了 HttpServletRequest 和 HttpServletResponse 对象作为参数。其中，HttpServletRequest 类实现了 ServletRequest 接口，它封装了客户端 HTTP 请求的细节；HttpServletResponse 类实现了 ServletResponse 接口，它封装了向客户端发送的 HTTP 响应的细节。它们的关系如图 5-4 所示。

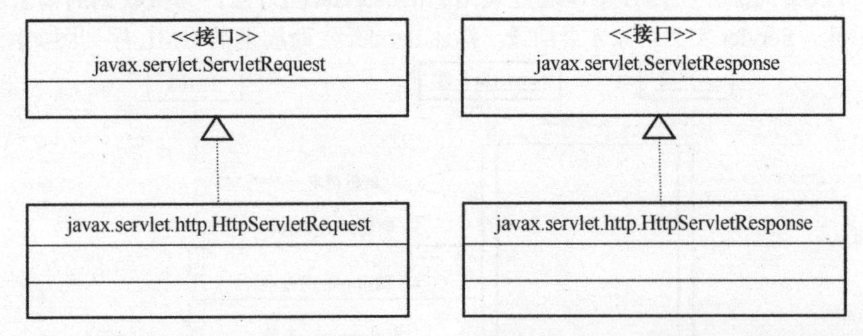

图 5-4 ServletRequest 与 HttpServletRequest、ServletResponse 与 HttpServletResponse 的关系

HttpServlet 提供 4 种方法用于响应客户请求，当然最常用的是 doGet 和 doPost 方法。

① doGet：响应客户端的 GET 请求。

② doPost：响应客户端的 POST 请求。

③ doPut：响应客户端的 PUT 请求。

④ doDelete：响应客户端的 DELETE 请求。

通常情况下，客户端请求只有 GET 和 POST 两种，因此在编写 Servlet 时，只需重写 HttpServlet 的 doGet 方法和 doPost 方法：

```
protected void doGet (HttpServletRequest request, HttpServletResponse response)
protected void doPost (HttpServletRequest request, HttpServletResponse response)
```

5.4.2 javax.servlet 包

在 javax.servlet 包中有 7 个接口、3 个类和 2 个异常。

接口：

- Servlet。
- ServletRequest。
- ServletResponse。
- SingleThreadModel。
- ServletConfig。
- ServletContext。
- RequestDispatcher。

类：

- GenericServlet。
- ServletInputStream。
- ServletOutputStream。

异常：

- ServletException。
- UnavailableException。

下面介绍上述 javax.servlet 包中这些接口和类的定义和功能。

1. Servlet 接口

javax.servlet.Servlet 接口定义了必须由 Servlet 类实现的、由 Servlet 容器识别和管理的方法集，如初始化 init()方法、处理请求的 service()方法和销毁 Servlet 进程的 destroy()方法等。所有 Servlet 类都必须实现这个接口，它是 Servlet 容器与 Servlet 程序之间通信的协议约定。

Servlet 接口中常用的方法如下。

- void init(ServletConfig config) throws ServletException：在 Servlet 被载入后和提供服务前由 Servlet 容器进行调用。
- ServletConfig getServletConfig( )：返回传递到 Servlet 的 init( )方法中的 ServletConfig 对象。
- void service(ServletRequest request, ServletResponse response) throws ServletException, IOException：处理 requst 对象中描述的请求，使用 response 对象返回请求结果。
- String getServletInfo( )：返回描述 Servlet 的字符串。
- void destroy( )：当 Servlet 容器要卸载 Servlet 进程时调用。

2. ServletRequest 接口

javax.servlet.ServletRequest 封装了客户端请求的细节，向 Servlet 提供有关客户请求的信息。ServletRequest 对象是 service( )方法的参数之一。

ServletRequest 接口中的常用方法如下。

- Object getAttribute(String name)：返回具有指定名字的请求属性。

- Enumeration getAttributeName( )：返回请求中所有属性名的枚举。
- String getCharacteEncoding( )：返回请求的字符编码。
- String getParameter(String name)：返回指定输入的参数。
- Enumeration getParameterName( )：返回请求中所有参数名的枚举。
- String[] getParameterValues(String name)：返回指定输入参数名的取值数组。
- String get Protocol( )：返回请求使用协议的名称和版本。
- String getServerName( )：返回处理请求服务器的主机名。
- String getServerPort( )：返回接收主机正在侦听的端口号。
- String getRemoteAddr( )：返回客户端主机的数字型 IP 地址。
- String getRemoteHost( )：返回客户端的主机名。
- void setAttribute(String name, Object obj)：在请求中将指定对象以指定的名称保存。
- void removeAttribute(String name)：从请求中删除指定的属性。
- RequestDispatcher getRequestDispatcher(String name)：返回指定名称的 RequestDispatcher 对象。

3．ServletResponse 接口

javax.servlet.ServletResponse 将一个 Servlet 生成的结果传到发出请求的客户端。在发送文本数据时，使用 getWriter( )方法返回 PrintWriter 对象；在发送二进制数据时，使用 getOutputStream( )方法返回 ServletOutputStream 对象。在调用 getWriter( )或 getOutputStream( )方法之前需要首先调用 setContentType( )方法。ServletResponse 对象是 service( )方法的参数之一。

ServletResponse 接口中常用的方法如下。

- void flushBuffer( ) throws IOException：发送缓存到客户端的输出内容。
- String getCharacterEncoding( )：返回响应（response）使用字符编码的名字，如果没有显示设置，则返回 ISO-8859-1。
- Writer getWriter( ) throws IOException：返回一个字符写入器，此写入器将文本输出写入客户端。
- void setContentLength(int length)：设置内容体的长度。
- void setContentType(String type)：设置内容类型。

4．SingleThreadModel 接口

Servlet 容器采用多线程模式运行，它为并发访问的每个请求都创建一个独立的线程来运行。SingleThreadModel 是为了确保线程安全创建的，用于确保 Servlet 在同一时刻只处理一个请求，此接口中没有定义方法，只要在 Servlet 类的定义中增加实现其接口的申明即可实现此接口。如果某个 Servlet 实现了 SingleThreadModel 接口，则 Servlet 容器将以单线程模式来调用其 service( )方法。

5．ServletConfig 接口

Servlet 在有些情况下可能需要访问 Servlet 容器或者需要借助 Servlet 容器访问外部的资源。另外，在 web.xml 文件中为某个 Servlet 设置的信息也需要传递给 Servlet。为此，创建了 javax.servlet.ServletConfig 接口。Servlet 容器将代表 Servlet 容器的对象和 Servlet 的配置参数信息一并封装到一个称为 ServletConfig 的对象中，并在初始化 Servlet 实例对象时传递给该 Servlet。每个 ServletConfig 对象对应着唯一的 Servlet。

Servlet 容器调用 Servlet 实例的 init(ServletConfig config)方法将 ServletConfig 对象传递给 Servlet。Servlet.getServletConfig( )方法必须返回 init(ServletConfig config)方法传递进来的 ServletConfig 对象的引用。

6. ServletContext 接口

javax.servlet.ServletContext 接口向 Servlet 提供了访问其环境所需的方法，并记录一些重要的环境信息。通过调用 ServletConfig.getServletContext( )方法可以获得 ServletContext 对象。

7. RequestDispatcher 接口

RequestDispatcher 接口定义了一个从客户端接受请求的方法，并能够把请求发送到其他服务器资源的对象。

RequestDispatcher 接口定义常用的方法如下。

- void forward (ServletRequest request, ServletResponse response)：把处理用户请求的控制权转交给其他 Web 资源。
- void include (ServletRequest request, ServletResponse response)：执行此方法的组件维持对请求的控制权，只是简单地将另一个组件的输出内容包含在本页面的某个特定的地方。

下面介绍 javax.servlet 包中的 3 个类的定义和功能。

① GenericServlet 类。Servlet API 提供了 Servlet 接口的直接实现，称为 GenericServlet。GenericServlet 是一种与协议无关的 Servlet，是一种不对请求提供服务的 Servlet。

GenericServlet 类提供了除 service( )方法外的所有接口中方法的默认实现，实现了 Servlet 和 ServletConfig 两个接口，提供了生命周期函数 init( )和 destroy( )，并且实现了接口 ServletContext 中的 log()方法。注意，编写 Servlet 时需要重写 service()方法。

② ServletInputStream 类。ServletInputStream 类通过以二进制的方式读取客户请求来提供一个输入流，方法为：ServletRequest.getInputStream( )。

③ ServletOutputStream 类。ServletOutputStream 类提供了一个用于向客户发送二进制数据的输出流，方法为：ServletRequest.getOutputStream( )。

5.4.3 javax.servlet.http 包

在 javax.servlet.http 包中主要有 4 个接口、2 个类。

接口：

- HttpServletRequest。
- HttpServletResponse。
- HttpSession。
- HttpSessionBindingListener。

类：

- Cookie。
- HttpServlet。

下面具体介绍 javax.servlet.http 包中的这 4 个接口和 2 个类的定义和功能。

1. HttpServletRequest 接口

javax.servlet.http.HttpServletRequest 主要处理：读取和写入 HTTP 头部；取得和设置 Cookies；取得路径信息；标识 HTTP 会话。HttpServletRequest 接口继承了 ServletRequest 接口。其常用方法如下。

- String getContextPath( )：返回指定 Servlet 上下文（Web 应用）的 URL 前缀。
- Cookie[] getCookies( )：返回与请求相关 Cookie 的一个数组。
- String getHeader(String name)：返回指定的 HTTP 头部的值。
- Enumeration getHeaderNames( )：返回请求给出的所有 HTTP 头部名称的枚举。
- Enumeration getHeaders(String name)：返回请求给出的指定的所有 HTTP 头标名称的枚举。
- String getMethod( )：返回 HTTP 请求方法。
- String getPathInfo( )：返回在 URL 中指定的任意附加路径信息。
- String getQueryString( )：返回查询字符串。
- String getRemoteUser( )：返回远程用户名，如果用户没有通过鉴定，则返回 null。
- String getRequestSessionId( )：返回客户端会话的 ID。
- String getRequestURI( )：返回 URL 中的一部分，从"/"开始，包括上下文，但不包括任意查询字符串。
- String getServletPath( )：返回此请求调用 Servlet 的 URL 部分。
- HttpSession getSession( )：返回 getSession(true)的值。
- HttpSession getSession(boolean create)：返回当前 HTTP 会话，如果不存在，则创建一个新的会话，create 参数取值为 true。

2. HttpServletResponse 接口

javax.servlet.http.HttpServletResponse 接口继承了 ServletResponse 接口，其常用方法如下。

- void addCookie(Cookie cookie)：将一个 Cookie 加入到响应中。
- void setHeader(String name,String value)：设置具有指定名字和取值的一个响应头部。
- Boolean containHeader(String name)：如果响应已包含此名字的头部，则返回 true，否则返回 false。

3. HttpSession 接口

javax.servlet.http.HttpSession 接口被 Servlet 容器用来实现在 HTTP 客户端与 HTTP 会话两者的关联。Session 用来在无状态的 HTTP 协议下跨越多个请求页面来维持状态和识别用户。一个 Session 可以通过 Cookie 或者重写 URL 来维持。

HttpSession 接口中常用的方法如下。

- Object getAttribute(String name)：返回一个指定名称的对象，如果没有，则返回 null。
- Enumeration getAttributeNames( )：返回一个此会话中所有对象的名称的枚举。
- long getCreationTime( )：返回建立 session 的时间，这个时间表示为自 1970-1-1（GMT）以来的毫秒数。
- String getId( )：返回分配给这个 session 的标识符。一个 HTTP session 的标识符是一个由服务器来建立和维持的唯一的字符串。
- Long getLastAccessedTime( )：返回客户端最后一次发出与这个 session 有关的请求的时

间，如果这个 session 是新建立的，返回–1。这个时间表示为自 1970-1-1（GMT）以来的毫秒数。

- Int getMaxInactiveInterval( )：返回一个以给定的名字绑定到 session 上的对象。如果不存在这样的绑定，返回空值。如果 session 无效后再调用这个方法，会抛出 IllegalState Exception。
- ServletContext getServletContext( )：返回属于此会话的 Servlet 上下文。
- void removeAttribute(String name)：从当前会话中移除一个指定名称的对象。
- void setAttribute(String name,Object value)：用指定的名称设定一个对象。
- void setMaxInactiveInterval(int interval)：设置一个秒数，表示客户端在不发请求时，session 被 Servlet 容器维持的最大时间。

4．HttpSessionBindingListener 接口

javax.servlet.http.HttpSessionBindingListener 接口是唯一不需要在 web.xml 中设定的 Listener。当实现了 HttpSessionBindingListener 接口后，只要对象加入 Session 范围（即调用 HttpSession 对象的 setAttribute( )方法），或从 Session 范围中移出（发生在调用 HttpSession 对象的 removeAttribute( )方法后或会话过时）时，容器分别调用 HttpSessionBindingListener 接口中的如下两个方法。

- void valueBound(HttpSessionBindingEvent event)：通知一个对象被绑定于一个会话。
- void valueUnbound(HttpSessionBindingEvent event)：通知一个对象与一个会话解除绑定关系。

有关 Cookie 的具体介绍请参照 5.8 节。下面介绍 javax.servlet.http 包中的 HttpServlet 类的定义和功能。

虽然 Servlet API 允许扩展到其他协议，但是现在所有的 Servlet 最终均是在 Web 环境下操作的，因此更多的 Servlet 是扩展了 HttpServlet，而不是 GenericServlet。HttpServlet 类通过调用指定到 HTTP 请求方法的方法来实现 service( )，即：对 delete、get、post 和 put 请求分别调用 doDelete( )、doGet( )、doPost( )和 doPut( )方法。

HttpServlet 类中常用的方法如下。

- void doGet(HttpServletRequest request, HttpServletResponse response) throws ServletException, IOException：由 Servlet 容器调用，用来处理 HTTP GET 请求。
- void doPost(HttpServletRequest request, HttpServletResponse response) throws ServletException, IOException：由 Servlet 容器调用，用来处理 HTTP POST 请求。
- void service(HttpServletRequest request, HttpServletResponse response) throws ServletException, IOException：由 servlet 容器调用，此方法将请求导向 doGet( )、doPost( )等方法。不应覆盖此方法。

5．HttpSessionBindingEvent 类

5.5 Java Web 应用

5.5.1 Java Web 应用结构

一个 Java Web 应用由一组静态 HTML 页、Servlet、JSP 和其他相关的 class 组成。在发布 Java Web 应用的某些组件（如 Servlet）时，必须在 web.xml 文件中添加相应的配置信息。

一个 Java Web 应用可以用具有一定结构的一个.WAR 文件存放。解开.WAR 文件，一个 Java Web 应用必须具有如下结构（假设应用名称为 helloapp）。

- /helloapp：Java Web 应用的根目录，所有的 JSP、XHTML、CSS 文件及其他各类资源文件（如图片）都存放于此目录下。
- /helloapp/WEB-INF：该目录必须存在，存有 Web 应用的发布描述文件 web.xml。
- /helloapp/WEB-INF/classes：存放各种类文件，Servlet 类也存放于此目录。
- /helloapp/WEB-INF/lib：存放 Web 应用所需的各种 JAR 文件（库文件）。
- /helloapp/META-INF：该目录可选择存在，用以存放 Web 应用的上下文信息。

5.5.2 web.xml 配置

一个 Servlet 程序只有在 Web 应用程序的 web.xml 文件中进行注册和映射其访问路径，才能被 Servlet 容器加载及被外界访问。

在 web.xml 中注册 Servlet 程序需要两个常用的标签元素<servlet>和<servlet-mapping>。其中，<servlet>元素用于注册一个 Servlet，包含两个主要的子元素。

- <servlet-name>：用于指定一个 Servlet 名称。
- <servlet-class>：用于指定 Servlet 程序所在的路径。

<servlet-mapping>元素则用于映射一个已注册的 Servlet 的对外访问路径，也包含两个主要的子元素。

- <servlet-name>：用于指定访问路径的 Servlet 的名称。
- <url-pattern>：用于指定 Servlet 的访问路径。

为了更加形象地理解 Servlet 在 web.xml 文件中的配置，我们用一个例子来说明。下面是一段完整的 web.xml 文件的代码：

```
<?xml version="1.0" encoding="UTF-8"?>
<web-app xmlns:xsi="http://www.w3.org/2001/XMLSchema-instance"
         xmlns="http://java.sun.com/xml/ns/javaee"
         xmlns:web="http://java.sun.com/xml/ns/javaee/web-app_2_5.xsd"
         xsi:schemaLocation="http://java.sun.com/xml/ns/javaee
                            http://java.sun.com/xml/ns/javaee/web-app_3_0.xsd"
         id="WebApp_ID"
         version="3.0">
  <display-name>J2EEDemo</display-name>
  <welcome-file-list>
      <welcome-file>index.html</welcome-file>
  </welcome-file-list>
  <servlet>
      <servlet-name>greetingServlet</servlet-name>
      <servlet-class>edu.hdu.web.Greeting</servlet-class>
  </servlet>
  <servlet-mapping>
      <servlet-name>greetingServlet</servlet-name>
      <url-pattern>/Greeting</url-pattern>
  </servlet-mapping>
</web-app>
```

其中，与 Servlet 程序配置有关的内容用斜体字体标出。易看出，在<servlet>标签中注册了一个 Servlet 程序，其程序路径为"edu.hdu.web.Greeting"，被取名为"greetingServlet"；在<servlet-mapping>标签中为已注册的"greetingServlet"指定了访问路径"/Greeting"。

注意，指定的访问路径是相对于当前项目的，本例中的项目名为 J2EEDemo，故在浏览器中访问此 Servlet 的完整路径应该为 http://localhost:8080/J2EEDemo/Greeting。

另外，同一个 Servlet 可以被映射到多个 URL 上，即多个<servlet-mapping>元素的<servlet-name>子元素的设置可以是同一个 Servlet 的注册名。在 Servlet 映射到的 URL 中也可使用通配符*，但只能有两种固定的格式：一种是“*.扩展名”，另一种是“/*”。

注意，Servlet 3.0 规范可以让开发者无须再编辑 web.xml 部署描述符就能部署 Servlet。为了实现这一点，Servlet 3.0 规范增加了基于注解的配置（@WebServlet），这样可以不再需要 web.xml 文件。当然，Servlet 3.0 规范也允许继续使用 web.xml。相关使用注解的示例可参见 5.6 节。

5.5.3 Tomcat 与 Java Web 应用部署

一个 Java Web 应用必须部署到一个 Java EE 应用服务器软件上才能运行。Tomcat 就是这样一个应用服务器软件。

Tomcat 是 Jakarta 项目中的一个重要子项目，是一个被广泛使用的开源 Java EE 应用服务器软件。Servlet 和 JSP 的最新规范都可以在 Tomcat 的新版本中得到支持。目前，Tomcat 的最新版本为 7.x，可从 http://tomcat.apache.org 中下载。

安装后的 Tomcat 7.x 共有 7 个子目录，如图 5-5 所示。

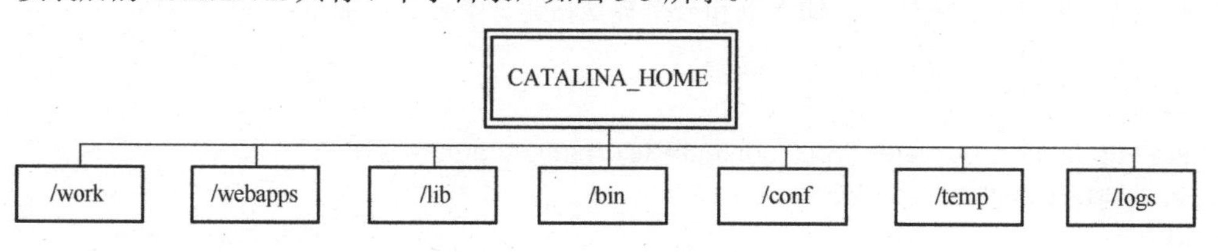

图 5-5　Tomcat 目录结构

其中，CATALINA_HOME 指的是 Tomcat 的安装目录，如 D:\apache-tomcat-7.0.26。各子目录的具体说明如下。

- bin 目录：包含各种命令，如启动 Tomcat 的命令（startup.bat）。
- conf 目录：各种 Tomcat 配置文件的存放位置。
- lib 目录：Tomcat 容器使用的所有 JAR 包的存放位置。
- logs 目录：Tomcat 容器运行时生成的日志文件的存放位置。
- temp 目录：用来存放各种临时文件。
- webapps 目录：Tomcat 默认的 Java Web 应用程序的存放位置。
- work 目录：Tomcat 将 JSP 文件转换为 Servlet 的工作目录。

Tomcat 的配置文件存放在 CATALINA_HOME/conf 子目录下。其中，server.xml 是 Tomcat 中最重要的配置文件定义了 Tomcat 的运行端口、Web 应用目录等信息；tomcat-users.xml 是 Tomcat 管理员身份的配置文件，可用于设置管理员账号和密码；logging.properties 是 Tomcat 的日志配置文件，可以修改默认的 Tomcat 日志输出路径和名称。

要想启动运行一个 Java Web 应用，必须先将其部署到 Tomcat 服务器上。部署有如下两种方式。

① 将 Web 应用放到 Tomcat 根目录下的 webapps 目录中。

② 修改 Tomcat 根目录下的 conf 中的 server.xml 文件，在<host>标签中加入<context path="/虚拟目录名" docBase="web 应用的物理路径"reloadable="true" > </context>。其中，reloadable 为 true，则 Tomcat 会自动检测应用程序的/WEB-INF/lib 和/WEB-INF/classes 目录的变化，自动装载新的应用程序。

在 Eclipse 中，部署 Web 应用到 Tomcat 的具体步骤参见附录 A。

5.6 编写第一个 Servlet

开发、配置和运行 Servlet 需要以下平台和工具软件：Java SE Development Kit（即 JDK）、Tomcat 和 Eclipse Java EE IDE（即 Eclipse），相关介绍请参见附录 A。

在上述配置好的开发和应用环境的基础上，本节以一个简单的登录处理为例，演示如何在 Eclipse 环境中开发 Java Web 项目的步骤。示例通过一个 XHTML 表单（要求输入用户名和密码）向服务器端的 Servlet 发送请求，该 Servlet 回显简单的响应信息，需要创建/配置的主要文件为：LoginServlet.java 和 login.html。

具体开发步骤如下。

（1）在 Eclipse 中，新建 Java Web 项目，设置项目名称为“ServletDemo”。

（2）新建一个 XHTML 文件名，取名为“login.html”。该 XHTML 文件中存有一个简单的登录表单，内含用户名、密码两个输入框和一个提交按钮。类似代码如下：

```
<html>
<head>
  <meta http-equiv="Content-Type" content="text/html; charset= UTF-8">
  <title>欢迎登录</title>
</head>
<body>
     请输入用户名和密码:
     <!-- 登录表单，该表单提交到一个 Servlet -->
     <form id="login" method="post" action=" /ServletDemo/Servlet/LoginServlet">
        用户名: <input type="text" name="username" width="50"/><br>
        密    码: <input type="password" name="pass" width="50"/><br>
        <input type="submit" value="登录"/><br>
     </form>
</body>
</html>
```

（3）在生成的项目上单击右键，选择“New”→“Servlet”，新建一个 Servlet，在弹出的对话框中，设置 Java package 为“edu.hdu.web”，类名为“LoginServlet”，单击“Next”按钮，如图 5-6 所示。

（4）在该对话框中，设置 Servlet 名为“LoginServlet”，Servlet 的 URL 为“/Servlet/LoginServlet”，单击“Finish”按钮，如图 5-7 所示。

图 5-6　新建 Servlet

图 5-7　设置 Servlet 名称和路径

也可手工创建和修改 web.xml，以配置 Servlet 与 URL 的映射关系。

（5）编写 edu.hdu.web.LoginServlet 类。由于表单提交的是 POST 请求，因此需要修改 LoginServlet 类中的 doPost( )方法，以完成 Servlet 响应。注意：字符编码格式要设成“utf-8”或“gbk”，否则有可能显示汉字为乱码。LoginServlet 程序的示例源代码为：

```
package edu.hdu.web;

import java.io.IOException;
```

```
import java.io.PrintWriter;
import javax.servlet.ServletException;
import javax.servlet.annotation.WebServlet;
import javax.servlet.http.HttpServlet;
import javax.servlet.http.HttpServletRequest;
import javax.servlet.http.HttpServletResponse;

@WebServlet("/Servlet/LoginServlet")
public class LoginServlet extends HttpServlet {
    private static final long serialVersionUID = 1L;

    public LoginServlet() {
        super();
    }

    protected void doGet(HttpServletRequest request, HttpServletResponse response) throws
ServletException, IOException {
        doPost(request, response);
    }

    protected void doPost(HttpServletRequest request, HttpServletResponse response) throws
ServletException, IOException {
        request.setCharacterEncoding("utf-8");                  //处理中文输入乱码
        String username = request.getParameter("username");
        String password = request.getParameter("pass");
        response.setContentType("text/html;charset=utf-8");     //处理中文输出乱码
        PrintWriter out = response.getWriter();
        out.println("<html><head><title>登录结果</title></head>");
        out.println("<body> 您输入的用户名是: " + username + "<br>");
        out.println("------------------------------------------<br>");
        out.println("您输入的密码是: " + password + "</body></html>");
        out.close();
    }

}
```

注意，Eclipse 自动插入了“@WebServlet("/Servlet/LoginServlet")”，表示 LoginServlet 是一个 Servlet，对应于形似.../Servlet/LoginServlet 的 URL 请求。如果不采取这种基于注释的配置，就需要在 web.xml 中添加以下配置信息：

```
<servlet>
    <servlet-name>loginServlet</servlet-name>
    <servlet-class>edu.hdu.web.LoginServlet</servlet-class>
</servlet>
<servlet-mapping>
    <servlet-name>loginServlet</servlet-name>
    <url-pattern>/Servlet/LoginServlet</url-pattern>
</servlet-mapping>
```

（6）在 Eclipse 中，将项目部署在配置好的 Tomcat 上，然后启动 Tomcat。

打开本地浏览器，输入 URL 地址“http://localhost:8080/ServletDemo/login.html”，将出现如图 5-8 所示的页面。

输入用户名“hdu”，输入密码“edu”，单击“登录”按钮，得到 Servlet 的执行结果，如图 5-9 所示。

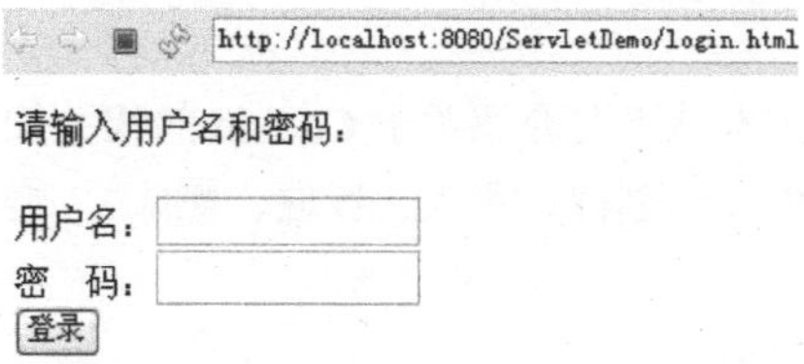

图 5-8 登录页面

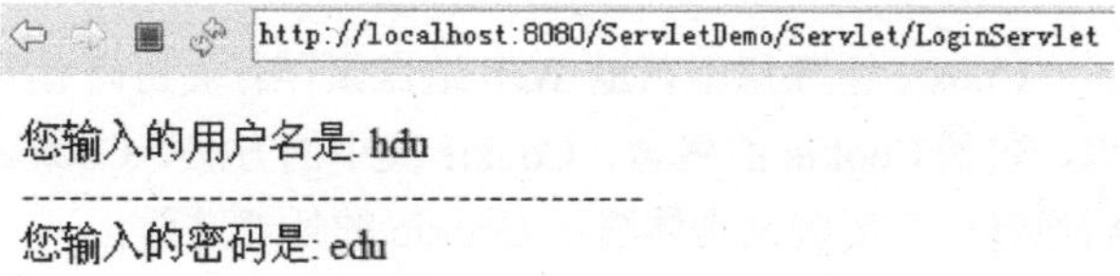

图 5-9 Servlet 的执行结果

5.7 访问 Servlet 的配置参数

配置 Servlet 时，还可以增加附加的配置参数，避免将参数以硬编码方式写在程序中，以实现更好的可移植性。

可通过在 web.xml 文件的<Servlet…/>元素中添加<init-param…/>子元素来指定参数。访问 Servlet 配置参数通过 ServletConfig 对象完成，ServletConfig 提供 getInitParameter( )方法用于获取初始化参数。

下面是一个在 web.xml 中设置 HTML 页面的字符编码的方式，这样，Servlet 程序就没有必要再给出具体的字符编码了。

web.xml 片段如下：

```
<servlet>
    <description></description>
    <display-name>LoginServlet</display-name>
    <servlet-name>loginServlet</servlet-name>
    <servlet-class>edu.hdu.web.LoginServle</servlet-class>
    <init-param>
        <param-name>encoding</param-name>
        <param-value>GBK</param-value>
    </init-param>
</servlet>
```

对应的 Servlet 程序中获取和使用字符编码的源代码片段如下：

```
protected void doPost(HttpServletRequest request, HttpServletResponse response) throws Servlet
Exception, IOException {
    ServletConfig config=this.getServletConfig();
    String username = request.getParameter("username");
    String password = request.getParameter("pass");
    String encoding=config.getInitParameter("encoding");
    response.setContentType("text/html;charSet="+encoding);
    PrintWriter out = response.getWriter();
    out.println("<html><head><title>登录结果</title></head>");
    out.println("<body> 您输入的用户名是: " + username + "<br>");
    out.println("------------------------------------------<br>");
```

```
    out.println("您输入的密码是: " + password + "</body></html>");
    out.close();
}
```

5.8 通过 Servlet 处理 Cookie

Cookie 主要用于帮助 Web 站点保存有关访问者的信息。本节主要介绍关于 Cookie 的相关知识，包括 Cookie 的概念、Cookie 类中的方法、Cookie 的操作（如创建、写入、读取、删除），最后通过一个实例来具体演示 Cookie 的处理过程。

5.8.1 Cookie 的基本概念

Cookie 是设计交互式网页的一项重要技术，可以将一些简短的数据存储在用户的计算机上。简单地说，Cookie 就是服务器暂时存放在你的计算机中的资料（TXT 格式的文本文件），用来让服务器辨认你的计算机。当你在浏览网站的时候，Web 服务器会先送一些信息（即 Cookie）放置在你的计算机上。当下次你再访问同一网站的时候，Web 服务器会先看看有没有上次留下的 Cookie 资料。如果有，则会根据 Cookie 里的内容来判断使用者，并送出特定的网页内容。

一个 Cookie 就是一个存储在浏览器端的键/值对，因此 Cookie 功能都必须有浏览器的支持才行，一般通用的浏览器（如 IE）都支持这项功能。当用户打开的网页中包含创建 Cookie 的程序代码时，服务器端创建 Cookie 数据，然后将这个 Cookie 传送到客户端的计算机上，存储在浏览器当中，此后服务器端的网页都可以访问这个 Cookie 的数据内容。

Cookie 是与 Web 站点而不是具体页面关联的。从安全性考虑，浏览器只返回 Cookie 至创建这个 Cookie 的服务器。当然，浏览器也允许用户限制使用 Cookies，甚至允许用户删除所有保存的 Cookie。因此，依靠 Cookie 机制的系统有可能失败。浏览器一般只允许存放有限的 Cookie，而且每个 Cookie 大小也是有限制的。

Cookie 是有时效的（超过规定的时间期限，该 Cookie 就会失效）。如果服务器在建立 Cookie 时没有设置 Cookie 的存在时间期限，则当用户关闭浏览器的时候，Cookie 的数据便会消失；如果服务器在建立 Cookie 时设置了存在时间期限，则用户在关闭浏览器后，Cookie 的数据会以文本文件的形式存储在用户的计算机上。在设置的时间期限内，当用户连接网页时服务器端均可以使用先前 Cookie 的内容。

5.8.2 Cookie 类中的方法

Servlet API 定义了 Cookie 类。Cookie 中的常用方法及其说明如表 5-1 所示。

表 5-1　Cookie 中的常用方法及说明

类　型	方 法 名	方 法 解 释
String	getName()	返回 Cookie 的名字
String	getPath()	返回 Cookie 适用的路径。如果不指定路径，将返回给当前页面所在的目录及其子目录下的所有页面
String	getValue()	返回 Cookie 的值
void	setMaxAge(int expiry)	以秒计算，设置 Cookie 过期的时间
void	setPath(String uri)	指定 Cookie 适用的路径
void	setValue(String newValue)	为 Cookie 设置一个新的值

5.8.3 Cookie 的处理

1．创建 Cookie

Cookie 类（javax.servlet.http.Cookie）的构造函数有两个字符串参数，分别代表 Cookie 的名称和值。例如，下面代码可创建一个名为 CookieName、值为 CookieValue 的 Cookie：

```
Cookie demoCookie=new Cookie("CookieName","CookieValue");
```

在创建 Cookie 后，一般会设置其失效时间。例如，将上例中的 Cookie 的失效时间设置为 60*60 秒的代码如下：

```
demoCookie.setMaxAge(60*60);
```

注意：setMaxAge 的单位为“秒”。上述语句是指一个小时后浏览器自动将 demoCookie 删除。

2．写 Cookie

对 Cookie 的操作首先是将 Cookie 保存到客户端。在 Servlet 编程中，利用 HttpServletResponse 对象，通过 addCookie( )方法将 Cookie 写入。例如，下面代码可将 Cookie 写入名为 response 的 HttpServletResponse 对象：

```
response.addCookie(cookie);
```

3．读 Cookie

将 Cookie 保存到客户端，就是为了以后得到其中的数据。下面的代码可将 request 中的所有 Cookie 取出：

```
Cookie[] allCookiews = request.getCookies( );
```

在客户端传来的 Cookie 数据类型都是数组类型，因此要得到其中某一个指定的 Cookie 对象需要通过遍历数组来查找。

4．一个简单的 Cookie 实例

为了更清楚地说明 Cookie 的使用方法，下面给出了一段简单的 Cookie 处理程序。

```
protected void doGet(HttpServletRequest request, HttpServletResponse response) throws Servlet
Exception, IOException {
    Cookie cookie1=new Cookie("login_name","zhangsan");
    Cookie cookie2=new Cookie("login_passworld","123");
    Cookie cookie3=new Cookie("login_sex","male");
    cookie1.setMaxAge(60*60);
    cookie2.setMaxAge(60*60);
    cookie3.setMaxAge(60*60);

    response.addCookie(cookie1);
    response.addCookie(cookie2);
    response.addCookie(cookie3);

    Cookie[ ] Cookies=request.getCookies();
    PrintWriter servletOut = response.getWriter();

    if (Cookies==null)
```

```
        servletOut.println("none any Cookie");
    else {
      for(int i=0;i<Cookies.length;i++) {
        servletOut.println(Cookies[i].getName()+"="+Cookies[i].getValue()+"</br>");
      }
    }
}
```

以上程序中定义了 3 个 Cookie（Cookie1、Cookie2、Cookie3），通过 response.addCookie( )方法写入客户端，又通过 request.getCookies( )方法读出，最后打印出其内容。结果如图 5-10 所示。

login_name=zhangsan
login_passworld=123
login_sex=male

图 5-10　简单 Cookie 示例

5.9　过滤器

过滤器（Filter），是 Servlet 2.3 新增的功能。Filter 可认为是 Servlet 的一种"加强版"，主要用于对用户请求进行预处理，以及对服务器响应进行后处理。Filter 负责过滤的 Web 组件可以是 Servlet、JSP、HTML。

Filter 是一种小型的 Web 组件，能拦截请求和响应，以便查看、提取或以某种方式操作正在客户机和服务器之间交换的数据。过滤器使得 Servlet 开发者能够在请求到达 Servlet 之前截取请求，在 Servlet 处理请求之后修改应答。典型的例子包括记录关于请求和响应的数据、处理安全协议、管理会话属性等。

Filter 有如下用处：

① 能够在 Servlet 被调用前检查 Request 对象，修改 Request header 和 Request 内容。

② 能够在 Servlet 被调用后检查 Response 对象，修改 Response header 和 Response 内容。

这样在实际开发中，使用 Filter 可以实现代码的复用与降低代码维护的复杂度。

5.9.1　Filter API

1. Filter 接口

在 Filter 接口中定义了如下 3 个方法。

- void init(FilterConfig config)：完成 Filter 初始化。Servlet 容器创建 Filter 实例后调用一次 init( )方法。在这个方法中可读取 web.xml 文件中的初始化参数。
- void doFilter(ServletRequest request, ServletResponse response, FilterChain chain)：完成实际的过滤操作。
- void destroy( )：Servlet 容器在销毁 Filter 实例前调用该方法，释放 Filter 占用的资源。

2. FilterConfig 接口

FilterConfig 接口封装了 Filter 的初始化信息，定义了如下 4 个方法。

- String getFilterName( )：获取过滤器的名称。
- String getInitParameter(String name)：获取 Filter 的初始化参数。
- Enumeration<E> getInitParameterNames( )：以 String 对象的 Enumeration 的形式返回过滤器初始化参数的名称，如果过滤器没有初始化参数，则返回一个空的 Enumeration。
- ServletContext getServletContext( )：返回对调用者在其中执行操作的 ServletContext 的引用。

3. FilterChain 接口

FilterChain 接口中定义了 doFilter(ServletRequest request, ServletResponse response)方法。FilterChain 调用链中的下一个过滤器，如果没有，则到达用户最终想访问的 Web 组件。

5.9.2 Filter 的应用实例

Filter 可拦截多个用户请求或响应，一个请求或响应也可被多个 Filter 拦截。拦截之后，Filter 就可以进行一些通用处理，如访问权限控制、编码转换、记录日志等。

下面介绍一个权限控制 Filter，它是实际开发中最常用的 Filter 之一。这个 Filter 会验证用户是否登录，若用户没有登录，则直接跳转到登录页面，从而避免了未验证用户通过粘贴已登录用户的 URL 地址串非法闯入系统的隐患。

1. 创建 Filter 类

所有的 Filter 类都必须实现 javax.servlet.Filter 接口。

```
import java.io.*;
import javax.servlet.*;
import javax.servlet.http.*;
public class AuthorityFilter implements Filter {
    //FilterConfig 可用于访问 Filter 的配置信息
    private FilterConfig config;
    public void init(FilterConfig config) {
        this.config = config;
    }
    public void destroy() {
        this.config = null;
    }
    //执行过滤的核心方法
    public void doFilter(ServletRequest request, ServletResponse response, FilterChain chain)
throws IOException, ServletException {
        //获取该 Filter 的配置参数
        String encoding = config.getInitParameter("encoding");
        //设置 request 编码用的字符集
        request.setCharacterEncoding(encoding);
        HttpServletRequest requ = (HttpServletRequest)request;
        HttpSession session = requ.getSession(true);
        //获取客户请求的页面
        String requestPath = requ.getServletPath();
        //如果 session 范围的 user 为 null，即表明没有登录
        //且用户请求的不是登录页面
        //且用户请求的既不是登录页面，也不是处理登录的 Servlet 页面
        if( session.getAttribute("user") == null
            && !requestPath.endsWith("login.jsp")
            && !requestPath.endsWith("LoginServlet") {
            ((HttpServletResponse) response).sendRedirect("login.jsp");
```

```
            return;
        }
        else { //"放行"请求
            chain.doFilter(request, response);
        }
    }
}
```

2．配置 Filter

Filter 的配置与 Servlet 类似，有两种配置方法：在 web.xml 文件中加入<fiter>、<filter-mapping>元素，或者通过注释。

对于上述例子，在 web.xml 中为该 Filter 增加配置的代码片段如下：

```
<filter>
    <!-- Filter 的名字 -->
    <filter-name>log</filter-name>
    <!-- Filter 的实现类 -->
    <filter-class>edu.hdu.web.LogFilter</filter-class>
    <init-param>
        <param-name>encoding</param-name>
        <param-value>GBK</param-value>
    </init-param>
</filter>
<!-- 定义 Filter 拦截的 URL 地址 -->
<filter-mapping>
    <!-- Filter 的名字 -->
    <filter-name>log</filter-name>
    <!-- Filter 负责拦截的 URL -->
    <url-pattern>/*</url-pattern>
</filter-mapping>
```

如果采用第 2 种方法，则可在 Filter 类中通过注释@WebFilter 进行配置：

```
@WebFilter(filterName="log",urlPatterns="/*",initParams={@WebInitParam(name="encoding",value
="GBK")})
```

在进行 Filter 配置时，可以把多个过滤器串联组装成一条链，然后依次执行其中的 doFilter()方法。执行的顺序如图 5-11 所示。

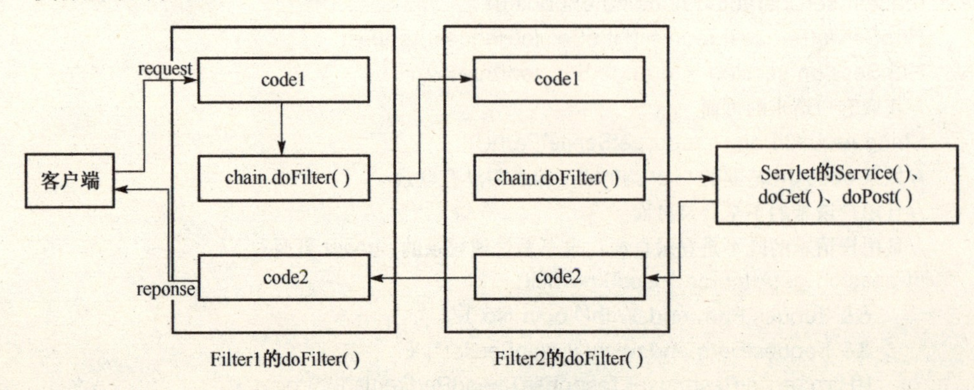

图 5-11　串联过滤器执行流程

5.10 Servlet 3.0 的新特性

Servlet 规范自从诞生之日起一直到发布 Servlet 3.0 前，除了添加诸如过滤器和 Web 应用事件之类的功能之外，它鲜有任何重大的变革之举。然而，Servlet 3.0 规范的发布却对开发人员构建 Java Web 应用程序的方式产生重大的影响。Servlet 3.0 规范通过注释简化了开发工作、通过引入 Web 片段减少了框架的配置，同时引入了异步处理来提高响应性能。为了能运行使用 Servlet 3.0 开发的 Servlet，Servlet 容器必须运行在 Java SE 6 或更高版本中。可喜的是，Tomcat 7.x 中增加了 Servlet 3.0（Java EE 6 中引入的）的支持。

本节简要介绍 Servlet 3.0 中引入的各种新特性。

5.10.1 Servlet 中的注释

Servlet 3.0 中的重大革新之一是支持注释。例如，使用注释定义 Servlet，就无须在 Web 部署描述符（web.xml）中建立 Servlet 条目了。

我们可以将@WebServlet 用于继承自 javax.servlet.http.HttpServlet 的 Servlet 类。注释@WebServlet 具有许多属性，如 name、urlPatterns 和 initParams，可以通过它们来定义 Servlet 的行为。

特别需要说明的是，若要使用注释，必须采用 Tomcat 7.x 版本。在 Tomcat 的根目录下的 lib 目录中有一个 Servlet-api.jar，它实现了 Servlet 3.0 的标准。

下面的代码片段利用@WebServlet 定义了一个简单的 Servlet：

```
@WebServlet(name="LoginServlet",urlPatterns={"/Servlet/LoginServlet"})
public class LoginServlet extends HttpServlet {
    ……
}
```

可以修改这个 Servlet，让它使用注释属性处理来自多个 URL 的请求。例如：

```
@WebServlet(name="SingleLoginServlet",
urlPatterns={"/Servlet/LoginServlet1", "/Servlet/ Login Servlet2 "} )
```

还可以使用注释@WebInitParam，把 init 参数指定为某个 Servlet。例如：

```
@WebServlet(name="LoginServlet",urlPatterns={"/Servlet/LoginServlet"})
@WebInitParam(name="encoding",value="GBK")
public class LoginServlet extends HttpServlet {
    ……
}
protected void doPost(HttpServletRequest request, HttpServletResponse response) throws Servlet
Exception, IOException {
        ServletConfig config=this.getServletConfig();
        String username = request.getParameter("username");
        String password = request.getParameter("pass");
        String encoding=config.getInitParameter("encoding");
        response.setContentType("text/html;charSet="+encoding);
        PrintWriter out = response.getWriter();
        out.println("<html><head><title>Login Result</title></head>");
        out.println("<body> 您输入的用户名是: " + username + "<br>");
```

```
            out.println("----------------------------------------<br>");
            out.println("您输入的密码是: " + password + "</body></html>");
            out.close();
      }
}
```

另外，可以使用注释@WebServlet 的 initParam 属性来定义 init 参数：

```
@WebServlet(name="LoginServlet",
            urlPatterns={"/Servlet/LoginServlet"},
            initParams={@WebInitParam(name="encoding",value="GBK")})
```

除此之外，可以使用注释@WebFilter 来定义过滤器，即可以在任何实现了 javax.servlet.Filter 接口的类上使用@WebFilter。类似于@WebServlet 注释，也必须为这个注释指定 URL 模式。

注释的引入使得 Web 部署描述符（web.xml）成为配置 Web 组件时的可选项，而非强制性的。Servlet 容器根据 web.xml 中的 metadata-complete 元素的值来决定使用 web.xml 还是注释。如果该属性的值为 true，那么容器就不会处理注释。web.xml 是所有的元数据信息的唯一来源。只有当该元素 metadata-complete 不存在或其值不为 true 时，容器才会处理注释。

5.10.2 Servlet 中的异步处理

在许多情况下，Servlet 必须与处理数据的资源打交道。这种资源可能是数据库资源、Web 服务或者一个消息资源。与这些资源进行交互的时候，Servlet 必须等待一段时间，直到从资源获取响应之后，该 Servlet 才能生成一个响应。这使得 Servlet 对资源的调用成为一个阻塞式的调用，所以效率很低。Servlet 3.0 通过引入异步处理来解决这个问题。异步处理允许线程发出一个资源调用，然后直接返回到容器而无需等待。该线程进而可以执行其他任务，这使得 Servlet 3.0 的性能有了很大的提升。

我们可以通过@WebServlet 和@WebFilter 注释的 asyncSupported 属性来支持 Servlet 3.0 的异步处理。这个属性具有一个布尔值，默认情况下为 false。要想在 Servlet 中启用异步处理功能，可以在该 Servlet 或者过滤器中将这个属性的值设为 true。

当同 Comet 相结合的时候，Servlet 的异步处理就会成为 AJAX 应用程序的理想解决方案。在 Servlet 的 init( )方法中，线程可以启动任何数据库操作或者向一个队列读/写消息。在 doGet( )或者 doPost( )方法中，可以启动异步处理，然后 AsyncContext 将在 AsyncEvent 和 AsyncListener 的帮助下管理与数据库或者消息操作有关的线程。有关这方面的知识，有兴趣的读者可以查阅其他资料。

5.10.3 现有 API 的改进

Servlet 3.0 规范不仅引入了新的概念和技术，而且对现有 API 进行了相应的改进。

1. HttpServletRequest

为了支持 multipart/form-data MIME 类型，为 HttpServletRequest 接口添加了下列方法：

- Iterable getParts( )。
- Part getPart(String name)。

2. Cookies

为了消除某些类型的跨站点脚本攻击，Servlet 3.0 支持 HttpOnly cookies。HttpOnly cookies 不会暴露给客户端脚本代码。为了支持 HttpOnly cookies，Servlet 3.0 规范为 Cookie 类添加了以下方法：

- void setHttpOnly(boolean isHttpOnly)。
- boolean isHttpOnly( )。

3. ServletContext

由于为 ServletContext API 添加了以下方法，所以 Servlet 3.0 允许 Servlet 和过滤器以编程方式添加到一个上下文中：

- addServlet(String servletName, String className)。
- addServlet(String servletName, Servlet servlet)。
- addServlet(String servletName, Classxtends Servl servletClass)。
- addFilter(String filterName, String className)。
- addFilter(String filterName, Filter filter)。
- addFilter(String filterName, Classxtends FiltfilterClass)。
- setInitParameter (String name, String Value)。

5.11 思考练习题

1．简述对 Servlet 的一次请求和响应过程。

2．什么是过滤器？过滤器是如何配置的？

3．使用 Servlet 技术编写显示欢迎信息的页面。要求：显示一按钮，单击该按钮，调用 Servlet（类名为 edu.hdu.web.HelloWorld），该 Servlet 简单返回“你好，我是 XXX”（其中，XXX 用学生姓名替代）。

4．设计一个 Servlet（类名为 edu.hdu.web.VisitCounter），每接收到对该 Servlet 的请求，累计计数，并在响应页面中显示已累计的页面请求次数。注意：不需要额外的 HTML 文件，只要编写一个 Servlet 即可，测试时向该 Servlet 发出请求即可。

5．设计一个投票程序，显示如图 5-12 所示的投票页面。在该页面中，单击“我要投票”按钮，调用 Servlet 对投票进行计数，并提示“投票成功，谢谢您的参与！”。单击“查看投票结果”按钮，调用另一个 Servlet 统计和显示投票信息（已有多少人参加投票，每个选项的票数和所占百分比）。要求采用 Cookie 对来自同一个 IP 地址的重复投票进行限制。

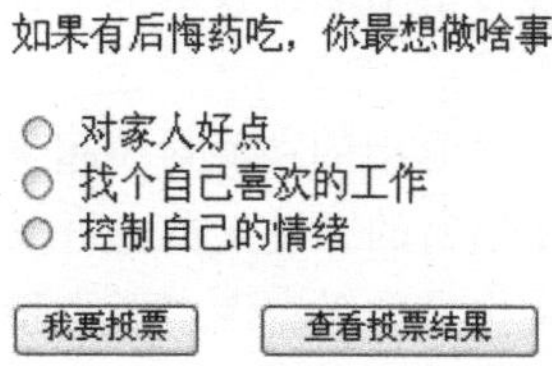

如果有后悔药吃，你最想做啥事情？

○ 对家人好点
○ 找个自己喜欢的工作
○ 控制自己的情绪

[我要投票] [查看投票结果]

图 5-12　题 5 图

第6章 JSP简介

JSP是一种常用的动态网页技术标准，是Java EE的核心内容之一。本章主要介绍JSP的基本语法、内置对象、JavaBean及JSTL等内容。

6.1 初识JSP

JSP（Java Server Pages）是一种由Sun Microsystems公司倡导、许多公司参与一起建立的动态网页技术标准。类似于ASP技术，JSP技术是在传统的网页HTML文件（*.htm,*.html）中插入Java程序段（Scriptlet）和JSP标记（tag），从而形成JSP文件（*.jsp）。用JSP开发的Web应用是跨平台的，既能在Windows下运行，也能在Linux等其他操作系统上运行。

6.1.1 JSP起源

由于CGI自身的缺陷和Java语言的迅速发展，Sun Microsystems公司于1997年推出了Servlet 1.0规范。Servlet的工作原理与CGI相似，完成的功能也与CGI相同，相对于CGI，具有可移植、易开发、稳健、节省内存和CPU资源等优点。但是，Servlet技术也有一个很大的缺陷——不擅长编写以显示效果为主的Web页面。于是基于Servlet 1.0规范，Sun Microsystems公司又于1998年4月推出了JSP 0.90规范。2006年5月，JSP 2.1的规范作为Java EE 5的一部分，在JSR-245中发布。2009年12月，JSP 2.2发布。

JSP结合了Servlet和JavaBean技术，充分继承了Java的众多优势，包括一次编写到处运行、高效的性能和强大的可扩展性。如今，JSP已被广泛使用于Web应用开发，被认为是当今最有前途的Web技术之一。

JSP具有以下特点。

① 一次编写，随处运行。Java语言具有“一次编写，随处运行”的特点，JSP作为Java家族的一分子，继承了此特点。这意味着，一个JSP可以运行支持JSP的任何应用服务器，而不需要对代码做任何修改。

② 可重用组件。JSP技术可以通过JavaBean等组件技术封装较复杂的应用，开发人员可以共享已经开发完成的组件。JSP的这种可重用组件技术大大提高了JSP应用的开发效率和可扩展性。

③ 标记化页面开发。JSP技术将许多常用的功能封装起来，以XML标记的形式展现给JSP的开发人员。这种特点使得不熟悉Java语言的开发人员也可以轻松地编写JSP程序，降低了JSP开发的难度。同时，标记化的JSP应用也有助于实现“形式和内容相分离”，使得JSP页面结构更清晰，方便维护。

④ 角色分离。JSP规范允许将工作量分为两类：页面的图形内容和页面的动态内容。不具备Java编程语言知识的开发人员可以创建页面的图形内容（XHTML文档），然后由Java

程序员向此 XHTML 文档中插入 Java 代码，实现动态内容。此特点使得 JSP 的开发和维护更加轻松。

我们已经知道，Servlet 通过调用 PrintWriter 类的 println( )方法创建 XHTML 响应文档。但是，在 Java 程序代码中嵌入 XHTML 是一件非常烦琐的工作。JSP 技术则不同，它是在 XHTML 中嵌入程序代码。因此，JSP 技术适用于返回文档的大部分内容已经预先确定的情况，而 Servlet 技术适用于返回文档的大部分内容需要动态产生的情况。

关于 JSP 技术的问题可以通过查阅如下 JSP 官方网站获得：

http://www.oracle.com/technetwork/java/javaee/jsp/index.html

6.1.2 JSP 工作原理

访问过 JSP 页面的同学可能都有此疑问：为什么第一次访问的响应速度特别慢，而后来就很快了？了解了 JSP 的工作原理，就明白其中的原因了。

JSP 在本质上就是 Servlet。当 JSP 被第一次请求时，Web 服务器上的 JSP 容器（或称为 JSP 引擎）将其转化为相应的 Servlet 文件，再编译为相应的 Servlet 类文件，并且被装载和实例化。本次以及以后对于此 JSP 的请求都将通过调用已经实例化的 Servlet 对象中的方法来产生响应。这就是为什么在访问 JSP 页面时，第一次响应速度很慢而后来很快的原因。

6.2 开发第一个 JSP 程序

JSP 的入门很简单，本节就以“HelloWorld”示例来演示如何开发一个简单的 JSP 程序。搭建 JSP 开发环境需要预先下载和安装 3 个软件：JDK、Eclipse 开发工具和 Tomcat 应用服务器软件，相关介绍参见附录 A。

（1）在 Eclipse 中，新建一个 Java Web 项目，设置项目名称为“HelloWorld”。

（2）在 WebContent 目录下新建一个 JSP 文件，取名为“first.jsp”。

（3）Eclipse 会自动产生带格式的 first.jsp 文件，可在此基础上进行修改。例如，在“<body>”与“</body>”中输入“Hello World!”，如图 6-1 所示。

first.jsp

```
<%@ page language="java" contentType="text/html; charset=ISO-8859-1"
    pageEncoding="ISO-8859-1"%>
<!DOCTYPE html PUBLIC "-//W3C//DTD HTML 4.01 Transitional//EN" "http://www.w3.org/TR/html4/loose.dtd">
<html>
<head>
<meta http-equiv="Content-Type" content="text/html; charset=ISO-8859-1">
<title>Insert title here</title>
</head>
<body>
Hello World!
</body>
</html>
```

图 6-1　first.jsp 程序代码

（4）在 Eclipse 的“Servers”面板中右键单击已配置好的 Tomcat 条目，在弹出的快捷菜单中选择“Add and Remove…”，将项目部署在 Tomcat 上。

（5）部署完成后，在 Servers 面板中单击“Start the server”按钮，启动 Tomcat。

在本机浏览器中输入网址 http://localhost:8080/HelloWorld/first.jsp，回车，结果如图 6-2 所示。

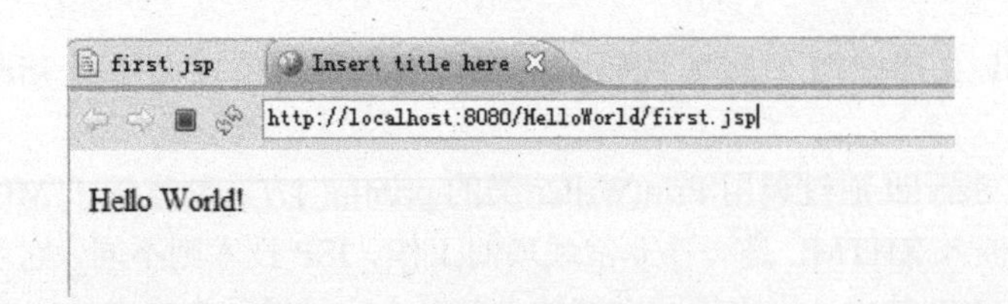

图 6-2 Hello World JSP 运行结果

6.3 JSP 基本语法

虽然 JSP 入门很容易，但是要想真正学会 JSP，还得从 JSP 的语法学起。一个 JSP 页面是以一个.jsp 为后缀的程序文件，其内容可分为以下几部分：指令（directive）、传统的 XHTML 或 XML 代码、动作元素（action element）和 scriptlet（小程序，包括申明、表达式和程序段）。

6.3.1 JSP 注释

1. 普通 Java 注释

JSP 可以使用普通 Java 程序中的注释形式，当然这种注释只可用来注释 JSP 中的 Java 代码部分，主要有以下 3 种。

① 用双斜杠"//"注释单行。例如：

```
out.println("Hello World!");        //显示"Hello World!"
```

② 用"/* */"注释多行。例如：

```
/* String s="Hello World!";
out.println(s);*/
```

③ 用"/** */"注释多行，用于将所注释的内容文档化。例如：

```
/**
*Title: JSP 程序<br>
*Description:说明 Java 文档注释<br>
*Copyright:(c)2011 www.hdu.edu.com<br>
*@author 萌萌
*@version 1.00
*/
```

2. JSP 特有的注释

JSP 特有的注释可分为两种。一种是可以在客户端显示的注释，称为客户端注释；另一种是仅被服务器端 JSP 开发人员可见的注释，称为服务器端注释。

客户端注释的基本语法格式如下：

```
<!--comment|<%=expression%>-->
```

其中，<%=expression%>为表达式标记，将在 6.3.3 节中详细介绍。例如：

```
<!--这个注释可以在客户端代码中查看到-->
```

该注释将被发送至客户端的浏览器，可以在浏览器中通过查看 HTML/XHMTL 源代码的方式查看到。这种客户端注释类似于普通的HTML/XHMTL注释，唯一不同的是，可以在客户端注释中加入特定的JSP表达式，来传递一些不想直接显示在页面中的信息。例如：

<!--现在的时间为：<%=(new java.util.Date( )).toLocaleString( )%>-->

在客户端浏览器的源代码中显示为：

<!--现在的时间为：2012-2-23 19:58:08 -->

服务器端注释可以有两种表述方式，分别为：

<%/* comment */ %>　　和　　<%--comment --%>

这两种注释的表述效果是一样的，其注释的内容不会被发送到客户端。例如：

<%/* 我是服务器端注释 */ %>

<%-- 我不会被发送到客户端--%>

以上两行注释在客户端的源代码中是不可见的。

注意，JSP注释的内容中不能直接出现“--%>”，否则将编译出错。如果需要以“--%>”作为内容，可以使用转义符“\”进行转义，即写为“--%\>”。

6.3.2　JSP声明

JSP程序中使用声明来定义需要使用的变量、方法等。JSP声明方式与Java相同，其语法格式为：

<%! declaration;[declaration;]...%>

例如：

```
<%! int i=2011;%>
<%! int a,b;String c;%>
<%! public int count( );%>
```

这种方法可以在JSP程序中对变量、方法进行声明，可以一次声明多个变量或者多个方法，每个变量或者方法需以“;”结尾。

注意：

① 每个声明仅在当前的JSP页面中有效，如果希望声明在每个页面中均有效，可以将公用的变量和方法声明在一个单独的页面中，在其他页面中使用<%@inculde%>或<jsp:include>元素（这两个标记在6.3.5和6.3.6章节中有详细的介绍）将此页面包含进来。

② JSP声明部分定义的变量和方法可以使用private、public等访问控制符修饰，也可使用static修饰，将其变成类属性和类方法，但是不能使用abstract修饰声明部分的方法，因为抽象方法将导致JSP对应的Servlet变成抽象类，从而无法实例化。

6.3.3　JSP表达式

表达式元素表示的是在脚本语言中被定义的表达式，在运行后会被自动地转化为字符串，并显示在浏览器中，其基本语法为：

<%=expression%>

例如：

<%=(new java.util.Date( )).toLocaleString( )%>

注意：

① 表达式的结尾不能加“;”。

② 表达式元素可以包括任何在 Java 中有效的表达式，也可以作为其他 JSP 元素的属性值。

③ 一个表达式元素的内容可以由一个或者多个表达式组成，这些表达式按照从左到右的顺序依次计算，转换为字符串。

6.3.4 JSP 程序段

在 JSP 中，符合 Java 语言规范的程序被称为程序段，包括在“<% %>”之间，基本语法为：

```
<%code fragment%>
```

JSP 程序段是符合 Java 语法的程序段，在实际运行时会被转换成 Servlet，也可以声明变量和方法等。下面是一个程序段的实例：

```
<% if (Math.random() < 0.5) { %>
我今天学习 Java EE。<br>
<% }else{ %>
我今天读诗词。<br>
<% } %>
```

以上代码看似夹杂了 XHTML/HTML 语法文本，但实际上与以下形式的代码功能是一致的。

```
if (Math.random() < 0.5 ) {
    out.println(” 我今天学习 Java EE。”);
}
else {
    out.println(” 我今天读诗词。”);
}
```

6.3.5 JSP 指令标记

JSP 的指令标记是通知 JSP 容器的消息，其不直接生成输出。JSP 中一共有 3 种指令标记：page 指令、include 指令和 taglib 指令。page 指令用于控制从 JSP 页面中生成 Servlet 的属性和结构；include 指令用于包含一个文件；taglib 指令用于自定义标记。每个指令标记都有默认值，因此开发人员无须显式地为每个指令设置值。

1. page 指令

page 指令通常位于 JSP 页面的顶端，是用来设置整个 JSP 页面的相关属性和功能的一种指令，作用于整个 JSP 页面，包括使用 include 指令包含进来的其他文件。其基本语法为：

```
<%@page attribute1="value1";attribute2="value2"...%>
```

page 指令的属性如下：

```
<%@ page
[language="java"]
[import="{package.class|package.*},..."]
[extends="package.class"]
[session="true|false"]
[buffer="sizekb|8kb|none"]
[autoflush="true|false"]
```

```
[isThreadSafe="true|false"]
[info="text"]
[errorPage="url"]
[isErrorPage="true|false"]
[contentType="{MIME-Type[;charset=characterSet]|text/html;charset=ISO-8859-1}"]
[pageEncoding="{characterSet|ISO-8859-1}"]
[isELIgnored="true|false"]
%>
```

下面具体介绍 page 指令中部分常用属性的用法和功能。

（1）language="java"

它用于声明脚本语言的种类，一般情况下都是"java"，少数的服务器也支持 JavaScript。

（2）import="{package.class|package.*},..."

它用于声明 JSP 页面中需要导入的包。其作用与 Java 程序中的 import 是一样的，不同的是，在 Java 程序中，如果需要导入多个包，必须分别引入，并用“;”隔开；而在 JSP 的 import 指令中，除可以分别导入外，也可以同时导入多个包，各个包用“,”隔开。例如：

```
<%@ page import="java.io.*,java.util.Hashtable" %>
```

或者

```
<%@ page import="java.io.* " %>
<%@ page import="java.util.Hashtable" %>
```

注意，在 page 指令的所有属性中只有 import 属性可以出现多次，其他属性均只能出现一次。

（3）session="true|false"

它用于指明 session 对象是否可用，默认值为 true。session 会在后文进行详细介绍。

（4）buffer="sizekb|8kb|none"

它用于指定输出是否需要缓冲，默认值为 8KB。当输出被指定为需要缓冲时，服务器不直接将输出内容显示在浏览器上，而是暂时保留，直到指定大小的缓冲被完全占用，或者脚本执行完毕。

（5）autoflush="true|false"

它用于指明缓冲区是否需要自动清除，默认值为 true。如果设置为 false，则表示不自动清除，一旦 buffer 溢出就会抛出异常。

注意，如果 buffer 属性被设置为 none，则 autoFlush 属性必须被设置为 true。

（6）errorPage="url"

它用于指明当页面产生异常时，应重定向的页面。

（7）isErrorPage="true|false"

它用于指示当前页面是否可以作为其他页面的错误处理页面，默认值为 false。

关于 errorPage 和 isErrorPage 的具体使用如下：

```
errorTest.jsp
  <%@ page errorPage="error.jsp"%>
  <%int i=0; out.println(5/i);%>
error.jsp
  <%@page isErrorPage="true" %>
I am an ErrorPage.
```

显然，errorTest.jsp 页面有错误，当其被调用时会转向它的错误处理页面 error.jsp。

（8）contentType="{MIME-Type[;charset=characterSet]|text/html;charset=ISO-8859-1}"

它用于指定MIME的类型和JSP的字符编码方式。MIME的类型有text/html（默认类型）、text/plain、image/gif、image/jpeg等。字符编码方式有ISO-8859-1（默认编码方式）、GB2312、GBK等。

（9）pageEncoding="{characterSet|ISO-8859-1}"

它用于指定编码方式，主要有ISO-8859-1（默认编码方式）、UTF-8等。其中，ISO-8859-1为默认编码方式。

注意：page指令不能作用于动态包含文件，如对于使用<jsp:include>包含的文件，page指令的设置是无效的。关于include指令和include动作的内容将在后续章节中详细介绍。

2．include 指令

网站中经常会出现重复性页面，如许多网站每个网页中都包含了一个导航栏。include指令是解决此类问题的有效方法，使得开发者们不必花时间去为每个页面复制相同的XHTML/HTML代码。include中包含的文件在本页面编译时会被引入，其基本语法如下：

```
<%@ include file="url" %>
```

file类型可以是XHTML/HTML或者JSP等。url是相对路径，如果以“/”开头，那么开始路径等同参照JSP应用的上下关系路径；如果以文件名或者目录名开头，那么开始路径就是当前JSP文件所在的路径。

注意：被包含文件中的任何一部分发生了变化，所有包含该文件的JSP文件都需要重新编译。如果被包含文件经常需要变动，则建议使用<jsp:include>动作代替include指令。关于<jsp:include>动作的内容将在6.3.6节详细介绍。

3．taglib 指令

taglib指令用于提供类似于XML中的自定义新标记的功能，其基本语法如下：

```
<%@ taglib url="relative taglibURL" prefix="taglibPrefix" %>
```

其中，url用于指明自定义标记库存放的相对URL地址；prefix用于区分不同标记库中具有相同标记名的标记，类似于Java中的包名。

注意：

① 必须在使用自定义标记之前使用<%@ taglib %>指令，而且可以在一个页面中多次使用。

② 相同的前缀名称在一个页面中只能使用一次。

③ 不能使用jsp、jspx、java、javax、servlet和sun等作为前缀名称。

实际上，因为定制标记需要按一定的步骤将JSP代码和Java组件中所包含的业务逻辑联系起来，所以开发定制标记比直接使用JSP程序段要复杂得多。但是，由于定制标记使得JSP程序开发者和静态网页设计者之间的责任划分更清晰，程序的重用及分布式运行也因此变得更方便，所以越来越多的JSP开发工具已经开始支持JSP标记的定制。

就每个定制标记而言，它都需要以下两个组件的支持：标记库和标记处理器。

（1）标记库

标记库实际上是一个用于定义标记并将其连接到标记处理器的XML文件。标记库包含了标记的各种属性、与标记相联系的标记处理器的名称及位置、JSP容器在处理定制标记时所需要的信息等。在定义属性名称的同时，标记库还可以定义标记的数据类型以及该属性是否必须等。JSP容器根据标记库在标记处理器执行之前检查相关的错误。下面是一个标记库的源代码：

```
<?xml version=" 1.0" ?>
<taglib>
  <tag>
    <name>insertCatchOfDay</name>
    <tagclass>test.CatchOfDayHandler</tagclass>
    <info>Queries menu database for the catch of the day.</info>
    <attribute>
       <name>meal</name>
    </attribute>
  </tag>
</taglib>
```

注意：

① 在使用定制标记之前，必须先指明标记库所在目录，以便获取关于标记定义的信息。

② 在执行定制标记相关功能时，一般通过定义标记属性来决定需要显示的内容。

③ 附加信息用于记录诸如库的名称或者版本等内容。

（2）标记处理器

标记处理器是一个类似 Servlet 的 Java 类，当定制标记被 JSP 容器处理时执行。每个标记处理器都需要执行标记处理器的 public int doStartTag( )方法，其中定义了定制标记被处理时需要执行的操作。

如果定制标记中包含了属性，那么标记处理器会定义这些属性，并为每个属性设定 get( )和 set( )方法。

6.3.6 JSP 动作元素

JSP 动作元素是一个 XML 元素，用来控制 JSP 容器的动作，可以动态插入文件、重用 JavaBean 组件、导向另一个页面等。在 JSP 文件中可以使用 3 种动作元素，即：标准动作元素、JSP 标准标签库（JSP Standard Tag Library，JSTL）动作元素和自定义动作元素。

在 JSP 中有 7 种标准的动作元素，也称为行为元素。

- <jsp:include>：在当前页面添加动态和静态的资源。
- <jsp:forward>：引导请求进入新的页面。
- <jsp:plugin>：连接客户端的 Applet 和 Bean 插件。
- <jsp:param>：提供其他 JSP 动作的名称/值信息。
- <jsp:useBean>：应用 JavaBean 组件。
- <jsp:getProperty>：将 JavaBean 的属性插入到输出中。
- <jsp:setProperty>：设置 JavaBean 组件的属性值。

动作元素与指令元素不同，指令元素用于通知 Servlet 容器处理消息，是在编译时被编译执行的，它只会被编译一次；而动作元素为运行时的动作，是在客户端请求时动态执行的，每次有客户端请求时都会被执行一次。JSP 动作元素的具体介绍如下。

1．<jsp:include>

在 JSP 页面中，除了可通过 include 指令（<%@ include page="url" %>）包含一个共用页面外，还可以使用<jsp:include>动作包含共用页面，其基本语法为：

```
<jsp:include page="url"/>
```

与 include 指令一样，page 属性用于指明被包含文件的相对路径，文件的类型可以为 JSP 文件或者 XHTML/HTML 文件等。

注意：同样是用来包含文件的 include 指令和 include 动作之间存在着很大的区别。include 动作是在页面请求访问时将被包含页面嵌入，而 include 指令是在 JSP 页面转化成 Servlet 时就将被包含页面嵌入。这也是使用 include 指令包含页面时，被包含文件中的任何一部分发生了变化，所有包含该文件的 JSP 文件都需要重新编译的原因。而使用 include 动作文件的变化总会被检查到，不需要重新编译。因此，如果被包含的文件是动态的，建议使用 include 动作来实现。

下面使用一个实例来说明 include 动作与 include 指令的用法。

首先，创建 3 个页面：header.jsp、include.jsp、jspSyntax.jsp，主要代码如下：

```
jspSyntax.jsp:
<%@ include file="header.jsp" %>
<jsp:include page="include.jsp"/>
header.jsp:
我是 include<B>指令</B>包含的页面
include.jsp:
我是 include<B>动作</B>包含的页面
```

然后，访问 jspSyntax.jsp 页面的结果如图 6-3 所示。

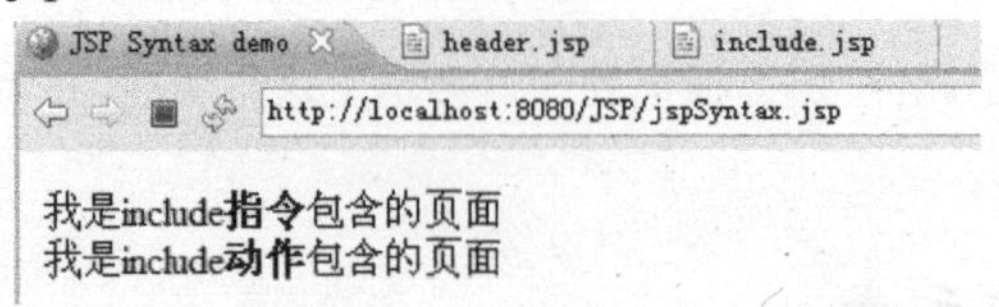

图 6-3　include 动作与 include 指令实例结果

2. <jsp:forward>

<jsp:forward>动作用来把当前的 JSP 页面重定向到另一个页面上，用户看到的地址是当前网页的地址，内容却是另一个网页的内容。其基本语法为：

```
<jsp:forward page="url" />
```

其中，page 属性表示转向页面的 URL 地址，该地址可以是静态的，也可以是临时计算出来的，例如：

```
<jsp:forward page="/error.jsp" />
<jsp:forward page="<%=someExpression%>" />
```

下面给出一个实例来说明 forward 动作的用法。编写两个页面：index.jsp 和 forward.jsp。其中，index.jsp 的核心代码如下：

```
<jsp:forward page="forward.jsp" />
```

forward.jsp 中有“我是转向页面”的显示。

在浏览器中输入 index.jsp 的 URL 地址，得到的结果如图 6-4 所示（注意，地址栏显示的还是 index.jsp）。

图 6-4　forward 示例结果

3．<jsp:param>

<jsp:param>动作元素是配合<jsp:include>、<jsp:forward>和<jsp:plugin>用来传递参数的。基本语法如下：

<jsp:param name="name" value="value" />。

其中，name 表示参数名，value 表示传递的参数值。下面结合一个示例来演示<jsp:param>动作元素的作用。

首先创建 forwardParam.jsp 文件，代码如下：

```
<html>
<head>
   <title>jsp:param 动作示例</title>
</head>
<body>
   <jsp:forward page="forward1.jsp">
   <jsp:param name="param1" value="hello"/>
   </jsp:forward>
</body>
</html>
```

在上述代码中，使用 forward 动作元素将当前页面的请求重定向到 forward1.jsp 文件中，并且使用 param 动作元素传递名为 param1、值为 hello 的参数。

然后创建 forward1.jsp 文件，代码如下：

```
<html>
<head>
   <title>jsp:param 动作示例 forward1</title>
</head>
<body>
   <jsp:forward page="forward2.jsp">
   <jsp:param name="param2" value="world"/>
   </jsp:forward>
</body>
</html>
```

forward1.jsp 文件将页面重定向到 forward2.jsp 中。forward2.jsp 文件的代码如下：

```
<html>
<head>
   <title>jsp:param 动作示例 forward2</title>
</head>
<body>
   param1:<B><%=request.getParameter("param1") %></B>
   <br>
   Param2:<B><%=request.getParameter("param2") %></B>
</body>
</html>
```

forward2.jsp 文件接收参数 param1 和 param2，并显示出来。显示结果如图 6-5 所示。

4．<jsp:useBean>

JavaBean 是基于 Java 的一种组件模型。采用 JavaBean 可以设计能够集成到其他软件产品中的独立的 Java 组件。关于 JavaBean 的详细介绍请参照 6.5 节。

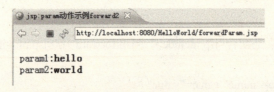

图 6-5　parma 动作示例结果

<jsp:useBean>动作使得 JSP 页面能够使用 JavaBean。<jsp:useBean>的基本语法如下：

```
<jsp:useBean id="name" scope="page|request|session|application" typeSpec/>
typeSpec::= class="className"|
            type="typeName"|
            class="className" type="typeName"|
            beanName="beanName" type="typeName"
```

其中，各属性的含义如下：

① id 属性给定一个变量名，此变量指向 bean。在 JSP 页面中使用此变量名访问 JavaBean。

② scope 属性指定 JavaBean 组件的作用域。其中，page 为默认值，表示只应用于当前页面；request 表示只应用于当前的用户请求中；session 表示应用到整个会话（session）生命周期中；application 表示应用于整个 Web 应用的范围内。class 属性定义 JavaBean 实现的 Java 类的完全限定名称（包含了完整的包名）。

③ beanName 属性赋予 bean 一个名称。

下面用一个简单的例子来说明<jsp:useBean>动作元素的使用。首先创建一个名为 Person 的 JavaBean，代码如下：

```
public class Person {
    private String name=null;
    private int age=-1;

    public void setName(String name){
        this.name=name;
    }
    public void setAge(int age){
        this.age=age;
    }
    public String getName(){
        return name;
    }
    public int getAge(){
        return age;
    }
}
```

然后创建一个 useBean.jsp 页面，以便使用这个类。代码如下。

```
<html>
<head>
<title>useBean 动作示例</title>
</head>
<jsp:useBean id="personInfo" scope="page" class="Test.Person"/>
<% personInfo.setName("吴萌萌");
```

```
    personInfo.setAge(23);
%>
<body>
<h3 align="center">显示 JavaBean 中的信息</h3>
<hr>
<%=personInfo.getName() %> <%=personInfo.getAge() %>
</body>
</html>
```

运行 useBean.jsp 页面，结果如图 6-6 所示。

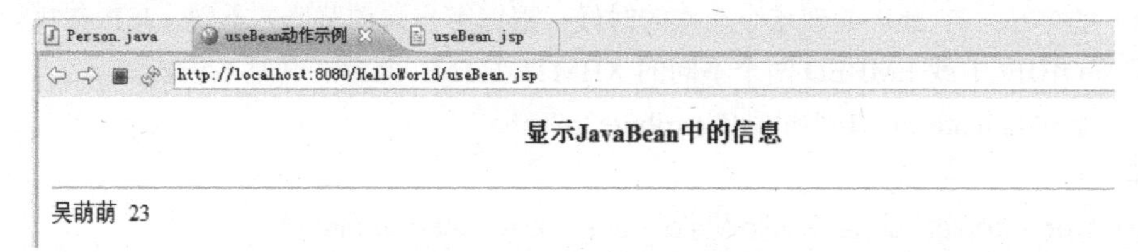

图 6-6　useBean 示例结果

5．<jsp:setProperty>

<jsp:setProperty>动作用于向一个 JavaBean 属性赋值。其基本语法如下：

```
<jsp:setProperty name="beanName" prop_expr/>
prop_expr ::= property="*"|
              property="propertyName"|
              property="propertyName" param="paramName"|
              property="propertyName" value="propertyValue"
              propertyValue ::= String|JSP expression
```

其中，各属性的含义如下：

① name 属性代表需要设置属性的 JavaBean 实例的名称。

② property 属性表示需要设定值的 JavaBean 的属性名。

- 当一个 property 设定为"*"时，JSP 容器将把系统 ServletRequest 对象中的参数逐个列举出来，检查这个 JavaBean 的属性是否与 ServletRequest 对象中的参数有相同的名称，如果有，就自动将 ServletRequest 对象中同名参数的值传递给相应的 JavaBean 属性。
- 当一个 property 设定为"propertyName"时，JSP 容器将把系统 ServletRequest 对象中的参数逐个列举出来，检查这个 JavaBean 中是否有名为"propertyName"的属性，如果有，就自动将 ServletRequest 对象中同名参数的值传递给相应的 JavaBean 的"propertyName"属性。

③ param 此属性值是向指定的 JavaBean 属性赋值的 HTTP 请求参数名。

④ value 这个可选属性规定了 JavaBean 实例的属性的具体值。

6．<jsp:getProperty>

<jsp:getProperty>动作用于从一个 JavaBean 中得到某个属性的值，无论原先这个属性是什么类型，都将被转换成为一个 String 类型的值。基本语法如下：

```
<jsp:getProperty name="name" property="propertyName" />
```

使用<jsp:getProperty>动作元素可以代替通过 JSP 表达式获得属性值的方法。例如，下面两行 JSP 代码：

```
<%=personInfo.getName( ) %>
<%=personInfo.getAge( ) %>
```

与上述两个 JSP 代码等价的代码如下：

```
<jsp:getProperty name="personInfo" property="name" />
<jsp:getProperty name="personInfo" property="age" />
```

7. <jsp:plugin>

<jsp:plugin>动作为开发人员提供了一种在JSP文件中嵌入客户端运行的Java程序（如Applet、JavaBean）的方法。在 JSP 处理这个动作的时候，根据客户端浏览器的不同，JSP 在执行以后将分别输出为 OBJECT 或 EMBED 两个不同的 XHMTL/HTML 元素。其基本语法如下：

<jsp:plugin attribute1="value1" attribute2="value2"... >

例如：

```
<jsp:plugin type="applet" code="HelloWorld.class" codebase="applet" >
<jsp:fallback>APPLET 载入出错！ </jsp:fallback>
</jsp:plugin>
```

其中，标签</jsp:fallback>经常与<jsp:plugin>标签一起使用，当载入出错时，浏览器上会显示</jsp:fallback>中的内容。

表 6-1 列出了<jsp:plugin>动作的常用属性。

表 6-1 <jsp:plugin>动作的常用属性

属 性	说 明
type	标记组件的类型为 javaBean 或者 Applet
code	表示对象类的文件名（与 Applet 的 HTML 规范相同）
codebase	指定 Applet 类的存储位置的 URL（与 Applet 的 HTML 规范相同）
align	控制对象相对于文字的基准线的水平对齐方式（与 Applet 的 HTML 规范相同，包括 top、middle、bottom、right 和 left）
archive	标记包含对象的 Java 类的.JAR 文件的 URL（与 Applet 的 HTML 规范相同）
height	定义对象的显示区域的高度
name	表示 Bean 或 Applet 实例的名字
width	定义对象显示区域的宽度

6.3.7 JSP 异常

JSP 程序在执行时会出现的异常有两种：JspError 和 JspException。它们包含在 javax.servlet.jsp 包中。

JspError 通常被称为“转换期错误”，发生在 JSP 文件转换成 Servlet 文件时，通常由语法错误引起，导致无法编译。一旦 JspError 异常发生，动态页面的输出将被终止，并定位到错误页，在页面中提示“HTTP 500”错误。

JspException 通常被称为“请求期异常”，发生在编译后的 Servlet Class 文件处理 request 请求时，因为逻辑上的错误而引起。此异常通常由 JspException 类负责处理。

JSP 异常也可以通过错误处理页面来处理，即使用 page 指令的 errorPage 属性和 iserrorPage 属性进行控制。

6.4 JSP 内置对象

为方便 Web 应用程序开发，JSP 容器对部分 Java 对象进行预先声明。这些对象在 JSP 页面初始化时生成，所以可以直接在 JSP 页面中使用。我们称这些对象为内置对象或者隐含对象。JSP 中的内置对象如表 6-2 所示。

表 6-2　JSP 内置对象

对 象 名	对 象 类 型	对 象 描 述	作 用 域
application	javax.servlet.ServletContext	相应网页所用应用程序的对象	整个应用程序执行期间
config	javax.servlet.ServletConfig	JSP 页面通过容器初始化时接收到的对象	页面执行期间
exception	java.lang.Throwable	发送错误时生成的异常对象	页面执行期间
out	javax.servlet.jsp.JspWriter	从服务器端向客户端打开的输出数据流对象	页面执行期间
page	java.lang.Object	当前页面的对象	页面执行期间
pageContext	javax.servlet.jsp.PageContext	提供调用其他对象方法的对象	页面执行期间
request	javax.servlet.ServletRequest	包含客户端请求信息的对象	用户请求期间
response	javax.servlet.ServletResponse	包含从服务器端发送到客户端的响应内容的对象	页面执行（响应）期间
session	javax.servlet.http.HttpSession	保存个人会话信息的对象	会话期间

6.4.1 request 对象

request 对象代表来自客户端的请求（如在 form 表单中填写的信息等），是最常用的对象。request 对象中的常用方法如表 6-3 所示。

表 6-3　request 对象中的常用方法

方 法	说 明
String getParameter(String name)	获取客户端传送给服务器的指定参数的值
String[] getParameterNames( )	获取客户端传送给服务器的所有参数名称的枚举
String[] getParameterValues(String name)	获取指定参数的所有值
String getServerPort( )	返回服务器地址
String getServerName( )	返回服务器的端口
String getRequestURI( )	返回请求的 URI 部分
String getQueryString( )	返回跟随在 URI 路径部分后面的查询字符串
String getContextPath( )	返回请求的 URI 部分，表示请求的应用程序环境
String getServletPath( )	返回请求的 URI 部分，表示服务器程序或 JSP 页面
String getPathInfo( )	返回任何额外的路径信息，这些信息与服务器程序路径之后、查询字符串之前的 URI 相关联
String getHeader(String name)	获得 HTTP 协议定义的传输文件头信息
Enumeration getHeaderNames( )	返回所有 request header 名字的一个枚举
Enumeration getHeaders(String name)	返回指定名字的 request header 的所有值
Cookie[] getCookies( )	返回包含所有 cookie 名和值的数组
Object getAttribute(String name)	将已命名的属性的值返回到一个 Object 中，若指定名称的任何属性都不存在，则返回 null
void removeAttribute(String attributeName)	从该请求中删除一个指定的属性
void setAttribute(String attributeName)	存储该请求中的一个属性，服务器程序容器将在请求时直接重置属性
Enumeration getAttributeNames( )	返回包含可以供这个请求使用的属性的名称的枚举

6.4.2 response 对象

response 对象是 java.servlet.ServletResponse 接口中一个针对 HTTP 协议而实现的子类，具有 page 作用范围。response 对象是表示服务器对请求的响应的 HttpServletResponse 实例，包含服务器向客户端发出的响应信息。response 对象的常用方法如表 6-4 所示。

表 6-4 response 对象的常用方法

方法名	说明
int getBufferSize( )	获取以 KB 为单位的缓冲区的大小
void setBufferSize(int size)	设置以 KB 为单位的缓冲区的大小
void flushBuffer( )	强制把当前缓冲区的内容发送到客户端
void reset( )	清空缓冲区中的所有内容
void resetBuffer( )	清空缓冲区中除了 HTTP 头和状态信息的所有内容
void addCookie(Cookie cookie)	添加一个 cookie 对象，用来保存客户端的用户信息
String encodeRedirectURL(String url)	对于使用 sendRedirect( )方法的 URL 编码
String encodeURL(String url)	将 URL 予以编码，包含 session ID 的 URL
String getCharacterEncodeing( )	获取相应的字符编码格式
String getContentType( )	获取响应的类型
ServletOutputStream getOutputStream( )	返回客户端的输出流对象
PrintWriter getWriter( )	获取输出流对应的 writer 对象
void sendRedirect(String location)	向服务器发送一个重定位至 location 位置的请求
void setCharacterEncoding(String charset)	设置响应使用的字符编码格式
void setContenLength(int length)	设置响应的 BODY 长度
void setHeader(String name,String value)	设置指定 HTTP 头的值。若该值存在，则原值被覆盖
void setStatus(int sc)	设置状态码

在 JSP 页面中，可以通过调用 response 对象的方法来设置响应信息。通常，使用 response 对象来完成的操作有 3 个：输出缓冲、设置响应报头和重定向。

1. 输出缓冲

缓冲可以有效地管理在服务器与客户之间的传输内容。HttpServletResponse 对象为了支持 JspWriter 对象而启用了缓冲区配置。getBufferSize( )方法返回用于 JSP 页面的当前缓冲区容量，setBufferSize( )方法允许 JSP 页面为响应的主体设置一个首选的输出缓冲区容量。使用的实际缓冲区容量至少要等于请求的容量。

2. 设置响应报头

JSP 页面可以使用 response 内置对象设置 HTTP 响应报头。例如，下面一段代码将响应内容类型设置为纯文本：

```
<%response.setHeader("Content-Type", "text/plain"); %>
```

注意：用户应在任何内容发送到客户端之前设置响应报头。在提交响应之后，容器将忽视报头。下面的代码使用 response 对象设置一个值为 3 的报头 refresh。客户端收到此报头后，会每隔 3 秒刷新页面。代码如下：

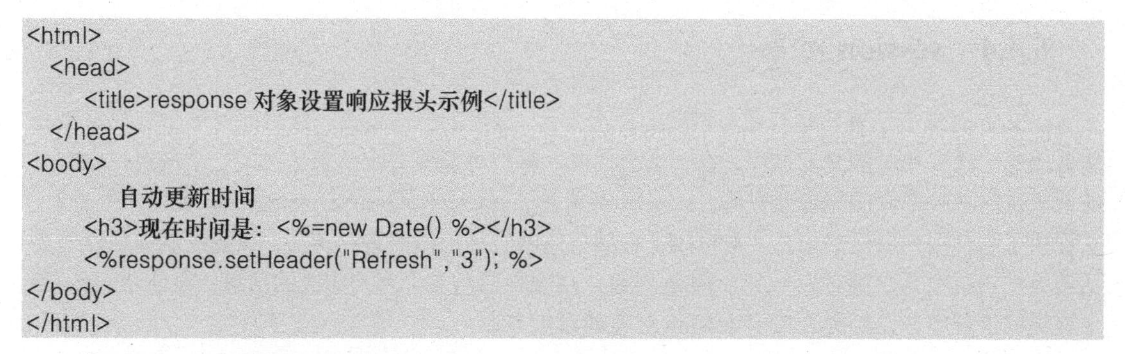

```
<html>
  <head>
     <title>response 对象设置响应报头示例</title>
  </head>
<body>
        自动更新时间
     <h3>现在时间是：<%=new Date() %></h3>
     <%response.setHeader("Refresh","3"); %>
</body>
</html>
```

该程序执行结果如图 6-7 所示。

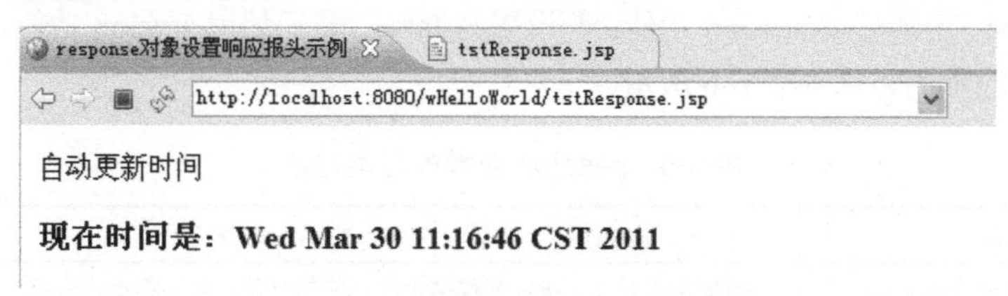

图 6-7　设置响应报头示例结果

3. 重定向

在某些情况下，响应客户时需要从一个页面转向另一个页面。在 JSP 中，使用 response 对象的 sendRedirect( )方法可以将客户重定向到一个不同的 Web 资源。例如：

```
<%response.sendRedirect("NewUser.jsp"); %>
```

以上代码将所在页的任何请求重定向到"NewUser.jsp"。

注意：response 对象的 sendRedirect( )方法会终止当前页面的请求和响应。如果响应已经提交，则方法不会被调用。因此，除异常情况下，尽量少使用此种重定向。

6.4.3　out 对象

out 是向客户端输出流进行写操作的对象，主要应用在脚本程序中，会通过 JSP 容器自动转换为 java.io.PrintWriter 对象。在 JSP 页面中，可以用 out 对象把信息发送到客户端的浏览器上。out 对象的常用方法如表 6-5 所示。

表 6-5　out 对象的常用方法

方　法	使用说明
print( )	将内容输出到浏览器
println( )	将内容输出到浏览器并换行
clear( )	清除缓冲区的数据
clearBuffer( )	清除缓冲区的数据，并把数据写到客户端
close( )	关闭输出流，强制终止当前页面的剩余部分向浏览器输出
flush( )	将缓冲区中的数据输出
getBufferSize( )	获取缓冲区的大小
getRemaining( )	获取缓冲区中还未使用的空间大小
isAutoFlush( )	若自动刷新缓冲区，则返回 true，否则返回 false
newLine( )	输出换行符号

6.4.4 session 对象

session 对象表示客户端与服务器端的一次会话。这里的会话是指一段时间内单个客户与 Web 服务器的一连串相关的交互过程。在一个会话中，客户可能会多次请求访问同一个网页，也有可能请求访问各种不同的服务器资源。session 对象是 javax.servlet.httpServletSession 类的一个对象，它提供了当前用户会话的信息、对可用于存储信息的会话范围的缓存访问，以及控制如何管理会话的方法。每个客户都对应一个 session 对象，用来存放与这个客户相关的信息。在前述 page 指令标记的讲解中，已经提及关于 session 对象的设定方法：

<%@page session="true|false" %>

若设置为 true，表示启动 session 功能；若设置为 false，表示禁用 session 功能。默认值为 true。

session 对象的常用方法如表 6-6 所示。

表 6-6　session 对象的常用方法

方　法	使 用 说 明
getAttribute(String attributeName)	返回此会话中，与指定名称绑定在一起的对象，若不存在，则返回 null
setAttribute(String name,Object value)	使用一个指定的名称将一个对象绑定到会话，若存在相同名称的对象，则原对象被替换
removeAttribute(String name)	从会话中删除指定名称的对象。若不存在，则不执行任何操作
getAttributeNames( )	返回一个 String 对象的枚举，包含绑定到会话的所有对象的名称
setMaxInactiveInterval( )	设定会话无效之前，客户请求之间的最长时间间隔
getMaxInactiveInterval( )	获取会话期间，客户请求的最长时间间隔
invalidate( )	使会话失效，并删除其属性对象
isNew( )	检查当前客户是否属于新的会话
getCreationTime( )	获取会话创建时间
getId( )	获取会话期间的识别 ID
getServletContext( )	获取会话所在的上下文环境

6.4.5 application 对象

有的服务器需要管理面向整个 Web 应用的参数，使每个客户都能获得同样的参数值。application 对象可以解决此类问题，负责提供应用程序在服务器中运行时的一些全局信息。当 Web 应用中的 JSP 页面开始执行时，产生一个 application 对象，所有的客户共用此对象，直到服务器关闭时才消失。因此，保存 application 对象中的数据不仅可以跨网页分享数据，还可以联机分享数据。application 对象的应用很多，如可以用 application 对象计算某个 Web 应用的目前联机人数。

application 对象的常用方法如表 6-7 所示。

表 6-7　application 对象的常用方法

方　法	使 用 说 明
getInitParameter(String name)	返回指定名称的初始化参数的值
getInitParameterNames( )	返回此应用程序中所有已定义的初始化参数的枚举
getAttributeNames( )	返回属性名称的枚举

续表

方　法	使用说明
getAttribute(String name)	返回指定名称的属性值
removeAttribute(String name)	删除指定名称的属性
setAttribute(String name,Object object)	设置一个属性，保存在 application 对象中
log(String message)	将指定消息写入应用程序的日志文件中
log(String message,Throwable throwable)	将指定消息和栈跟踪写入应用程序的日志文件中
getMimeType(String file)	返回指定文件的 MIME 类型
getRealPath(String virtualPath)	返回指定虚拟路径的真实路径
getServerInfo( )	返回关于服务器的信息
getContext(String uripath)	返回当前应用的 ServletContext 对象
getResourceAsStream(String path)	返回指定路径位置资源的 InputStream 对象实例

6.4.6 page 对象

page 对象是 this 变量的别名，是一个包含当前 Servlet 接口引用的变量。设置 page 对象是为了执行当前页面的应答请求（即显示 JSP 页面本身）。

page 对象的主要方法如表 6-8 所示。

表 6-8　page 对象的常用方法

方　法	使用说明
hashcode( )	返回网页文件中的 hashcode
getClass( )	返回网页文件中的类信息
toString( )	返回代表当前网页的文字字符串
getServletConfig( )	获取当前的 config 对象
getServletInfo( )	返回关于服务器程序的信息

6.4.7 pageContext 对象

pageContext 对象能够存取其他内置对象，当内置对象包括属性时，也可以读取和写入这些属性。注意：pageContext 是一个抽象类，实际运行的 JSP 容器必须扩展它才能被使用。

pageContext 对象的主要方法如表 6-9 所示。

表 6-9　pageContext 对象的常用方法

方　法	使用说明
findAttribute(String name)	返回指定名称的属性值，若不存在，则返回 null
forward(String relativeUrlPath)	将当前页面重定位到另一个页面
getOut( )	返回当前客户端响应使用的 JspWriter 流（out）
getSession( )	返回当前页面中的 HttpSession 对象（session）
getAttribute(String name,int scope)	在指定范围内获取指定属性的值
getAttribute(String name)	获取指定属性的值
getAttributeScope(String name)	获取指定属性的作用范围

续表

方　法	使用说明
getAttributeNamesInScope(int scope)	返回指定范围内可用属性名的枚举
getPage( )	返回当前页面的 Object 对象（page）
getRequest( )	返回当前页面的 ServletRequest 对象（request）
getResponse( )	返回当前页面的 ServletResponse 对象（response）
getException( )	返回当前页面的 Exception 对象（exception）
getServletConfig( )	返回当前页面的 ServletConfig 对象（config）
getServletContext( )	返回当前页面的 ServletContext 对象（application）
setAttribute(String name,Object attribute)	设置属性及属性值
setAttribute(String name,Object attribute,int scope)	在指定范围内设置属性及属性值
removeAttribute(String name)	删除指定名称的属性
removeAttribute(String name,int scope)	在指定范围内删除指定名称的属性

6.4.8　config 对象

config 对象提供了对每个服务器或者 JSP 页面的 javax.servlet.ServletConfig 对象的访问。该对象中包含了初始化参数以及一些实用方法。我们可以为使用 web.xml 文件的服务器程序和 JSP 页面在其环境中设置初始化参数。

config 对象中的主要方法如表 6-10 所示。

表 6-10　config 对象的常用方法

方　法	使用说明
getInitParameter(String name)	返回指定名称的初始化参数
getInitParameterNames( )	返回所有初始化参数的枚举
getServletContext( )	返回 Servlet 运行中的 ServletConfig 对象的一个引用
getServletName( )	返回 Servlet 在应用服务器中注册时使用的虚拟名称

6.4.9　exception 对象

简单地说，exception 对象就是异常对象，与错误不同，这里的异常是指 Web 应用程序中所能够识别并处理的问题。在 Java 中，通常使用 try、catch 等关键字来处理异常。如果在 JSP 页面中没有捕捉到异常，就会产生 exception 对象，并把这个对象传递到在 page 设定的 errorpage 中去，然后在 errorpage 页面中处理相应的 exception。

注意：要使用内置的 exception 对象，必须在 page 命令中设定<%@page isErrorPage="true" %>，否则会出现编译错误。

exception 对象的主要方法如表 6-11 所示。

表 6-11　exception 对象的常用方法

方　法	使用说明
printStackTrace(PrintWriter)	将追踪显示到书写器
printStackTrace(PrintStream)	将追踪显示到指定的显示流
getLocalizedMessage( )	为异常创建一个本地化的描述
getMessage( )	返回与异常相关的错误信息
printStackTrace( )	将追踪显示到一个标准的错误流

6.5 JavaBean

6.5.1 JavaBean 概述

JavaBean 是 Java 的一种软件组件模型，是 Sun Microsystems 公司为了适应网络计算提出的组件结构。采用 JavaBean 可以设计能够集成到其他软件产品中的独立的 Java 组件，从而使得同一公司或者不同公司之间在开发软件产品时实现最大限度的复用。

一个标准的 JavaBean 通常具有如下的特点：

① JavaBean 是一个 public 类，可供其他类实例化。

② 类中如果有构造方法，则这个构造方法为无参数的 public 类型。

③ 更改或者获取成员变量的值，需要使用 get()和 set()方法。

④ get()和 set()方法都是 public 类型的。

JavaBean 中的属性与一般 Java 程序中的属性是同一个概念，即类中的变量。在 JavaBean 的设计中，按照属性作用的不同，一般可以分为 4 类：简单属性、索引属性、绑定属性和约束属性。

（1）简单属性（Simple）

一个简单属性表示一个伴随 get()和 set()方法的变量。属性的名称与该属性相关的 get()、set()方法对应。例如，如果有 setA()和 getA()方法，就表示有一个名为 A 的属性；如果有一个名为 isA()的方法，就表示有一个名为 A 的布尔类型的属性。一个具有简单属性的 JavaBean 示例代码如下：

```
public class Person {
    private String name=null;
    private int age=-1;

    public void setName(String name){
        this.name=name;
    }
    public void setAge(int age){
        this.age=age;
    }
    public String getName(){
        return name;
    }
    public int getAge(){
        return age;
    }
}
```

（2）索引属性（Index）

一个索引属性表示一个数组值。使用与该属性对象的 set( )和 get( )方法可以存取数组中某个元素的数值。一个关于索引属性的 JavaBean 代码如下：

```
public class IndexBean {
    int[] data={1,2,3,4,5};
    public void setdata(int[] ary){
        data=ary;
    }
    public void setdata(int index,int x){
```

```
        data[index]=x;
    }
    public int[] getdata(){
        return data;
    }
    public int getdata(int index){
        return data[index];
    }
}
```

（3）绑定属性（Bound）

一个绑定属性是指，当这个属性发生变化时，必须通知其他 JavaBean 组件对象。每次 JavaBean 组件对象的属性值改变时，这种属性就触发一个 PropertyChange 事件，此事件封装了发生变化的属性名、原属性值和改变后的属性值。此事件被传递到其他 JavaBean 组件中，接收事件的 JavaBean 组件可以自定义针对事件的操作。

（4）约束属性（Constrained）

约束属性具有这样的性质：属性值的变化首先要被所有的监听器验证之后，才能有可能真正发生改变。也就是说，属性值的变化必须经过已经与该约束属性建立联系的其他 JavaBean 的“批准”。如果其他 JavaBean 拒绝了变化，则抛出一个 PropertyVetoException 异常。

6.5.2 在 JSP 中使用 JavaBean

JSP 提供了 3 种标记来使用 JavaBean：① 用于将本地变量与已有的 Bean 绑定，或者用于初始化新的 Bean；② 用于获取 Bean 属性的值；③ 用于设置一个或多个 Bean 属性的值。

（1）初始化 Bean

使用标记<jsp:useBean/>。

（2）获取 Bean 属性

使用标记<jsp:getProperty/>。

（3）设置 Bean 属性

使用标记<jsp:setProperty/>。

上述标记在前述章节中已经详细讨论，这里不再赘述。

6.5.3 JavaBean 的生命周期

JavaBean 的生命周期分为 4 种范围（Scope）：page、request、session 和 application，它们覆盖的范围可见图 6-8 所示。通过设置 JavaBean 的 scope（范围）属性，可以为 JavaBean 设置不同的生命周期。

下面对 JavaBean 的 4 种生命周期分别进行说明。

1. page 范围

page 范围的 JavaBean 的生命周期是最短的，也是 JavaBean 的默认生命周期，表示仅仅在创建它们的页面才能被访问。当一个网页由 JSP 程序产生并传递到客户端后，属于 page 范围的 Bean 也将被清除，生命周期结束。使用 page 作为 JavaBean 的生命周期，语法如下：

```
<jsp:useBean id="Bean_Name" class="class_name" scope="page" />
```

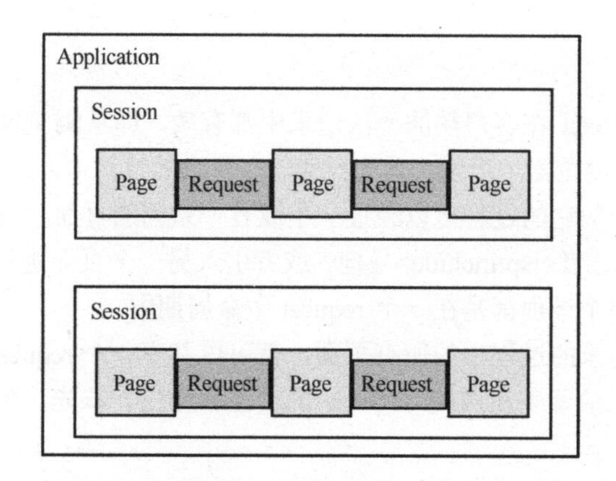

图 6-8 Page、Request、Session、Application 的覆盖范围

在 page 作用域的 JSP 页面中可以无限次地修改 Bean 的属性值，但是当关闭页面后，所有的变动都会丢失，恢复到最初状态。下面通过一个示例来演示生命周期 page 的用法和作用。首先，创建一个 JavaBean 组件 Counter.java，代码如下：

```
package test;
public class Counter {
	private int count=1;
	public int getCount(){
		return count++;
	}
}
```

其次，创建 pageBean.jsp 页面，代码如下：

```
<%@ page language="java" pageEncoding="UTF-8"%>
<html>
<head>
<title>具有 page 作用域的 Bean</title>
</head>
<jsp:useBean id="CountBean" scope="page" class="test.Counter"/>
<body bgcolor="#ffffff">
	<h3>这是一个具有 page 作用域的 Bean</h3>
	<h1>你好，你是第<%=CountBean.getCount() %>位访客</h1>
</body>
</html>
```

最后，运行结果如图 6-9 所示。注意：在页面中无论刷新多少次或者打开多少个新窗口，显示的结果都相同。

这是一个具有page作用域的Bean

你好，你是第1位访客

图 6-9 具有 page 作用域的 Bean 示例结果

2．request 范围

request 范围的 JavaBean 在客户端的一次请求中都有效，即从浏览器给服务器发送一个请求开始，直到服务器返回给浏览器一个响应信息结束。在请求的过程中，并不一定只处理一个页面，当一个页面提交以后，响应它的过程可以经过一个或者一系列的页面，也就是说，可以由响应它的页面使用<jsp:forward>或者<jsp:include>导向，或者引入另一个页面进行处理，最后所有页面都处理完后返回客户端，整个过程都是在一个 request 生命周期中。

所以，只要在一个请求的过程中的所有页面，都可以共享一个 request。

下面通过一个示例来演示生命周期 request 的用法和作用。首先，创建一个 JavaBean 组件 requestURL.java，代码如下：

```
package test;
public class RequestURL {
    private String url="home.jsp";
    public String getURL(){
        return url;
    }
    public void setURL(String aURL){
        url=aURL;
    }
}
```

然后，创建两个 JSP 页面：requestBean.jsp 和 request.jsp。

requestBean.jsp 的代码如下：

```
<%@ page language="java" pageEncoding="UTF-8"%>
<html>
<head>
<title>具有 request 作用域的 Bean</title>
</head>
<jsp:useBean id="reqBean" scope="request" class="test.RequestURL"/>
<body bgcolor="#ffffff">
    <h3>调用页：requestBean.jsp</h3>
    <%reqBean.setURL("requestBean.jsp"); %>
    <jsp:include page="request.jsp"/>
</body>
</html>
```

request.jsp 的代码如下：

```
<%@ page language="java" pageEncoding="UTF-8"%>
<html>
<head>
<title>具有 request 作用域的 Bean</title>
</head>
<jsp:useBean id="reqBean" scope="request" class="test.RequestURL"/>
<body bgcolor="#ffffff">
    <h3>被调用页：request.jsp</h3>
    <h3>本页面由：<%=reqBean.getURL() %>调用</h3>
</body>
</html>
```

若用浏览器访问 requestBean.jsp 页面，结果如图 6-10 所示。

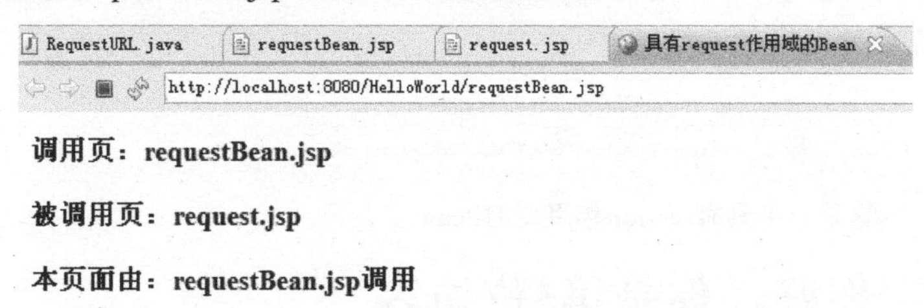

图 6-10 具有 request 作用域的 Bean 示例结果 1

若用浏览器访问 request.jsp 页面，结果如图 6-11 所示。

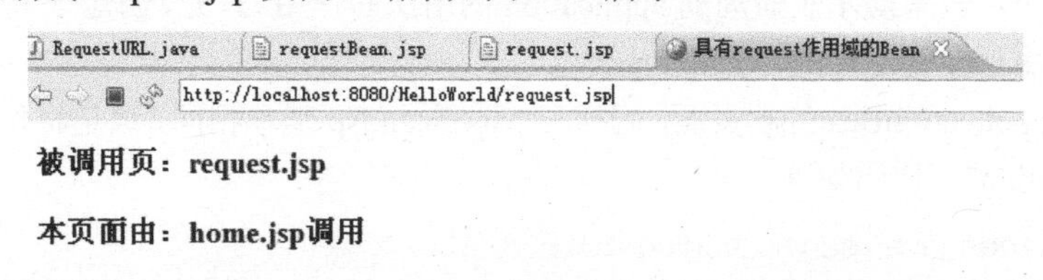

图 6-11 具有 request 作用域的 Bean 示例结果 2

3. session 范围

session 范围的 JavaBean 与 session 对象的生命周期相同。与 session 作用域变量相似，这些 JavaBean 始终可以被引用，只要创建它的会话依然处于激活状态。

下面通过一个示例来演示生命周期 session 的用法和作用。首先，创建一个 JavaBean 组件，可以直接利用前面已经创建好的 Counter.java。

其次，创建 sessionBean.jsp 页面，与 pageBean.jsp 基本相同，只是将作用域属性 scope 的值改为"session"，代码如下：

```
<%@ page language="java" pageEncoding="UTF-8"%>
<html>
<head>
<title>具有 session 作用域的 Bean</title>
</head>
<jsp:useBean id="CountBean" scope="session" class="test.Counter"/>
<body bgcolor="#ffffff">
    <h3>这是一个具有 session 作用域的 Bean</h3>
    <h1>你好，你是第<%=CountBean.getCount() %>位访客</h1>
</body>
</html>
```

第一次访问 sessionBean.jsp 页面结果与访问 pageBean.jsp 页面的结果相同。但是，之后每刷新一次，显示的访问数会自动的加 1，刷新 4 次后的结果如图 6-12 所示。

通过本示例，可以更好地理解 session 作用域的 Bean 在会话中仅被实例化一次，当某个页面有一个 session 作用域的 JavaBean 被请求时，JSP 容器会确认该 JavaBean 是否在当前会话中已经存在。如果是，则会使用现有的 JavaBean 实例。

4. application 范围

application 范围的 JavaBean 对所有的用户和所有页面都起作用，存在于 Web 应用程序执行的整个过程中，而且只需创建一次。具有 application 作用域的 JavaBean 对于处理需要对所有用户和页面都有效的数据十分有用。

sessionBean.jsp
具有session作用域的Bean
http://localhost:8080/HelloWorld/sessionBean.jsp
这是一个具有session作用域的Bean
你好，你是第5位访客

图 6-12　具有 session 作用域的示例

下面通过一个示例来演示生命周期 application 的用法和作用。首先，创建一个 JavaBean 组件，同样可以直接利用已经创建好的 Counter.java。

其次，创建 applicationBean.jsp 页面，同样与 pageBean.jsp 基本相同，只是将作用域属性 scope 的值改为"application"，代码如下：

```
<%@ page language="java" pageEncoding="UTF-8"%>
<html>
<head>
<title>具有 application 作用域的 Bean</title>
</head>
<jsp:useBean id="CountBean" scope="application" class="test.Counter"/>
<body bgcolor="#ffffff">
    <h3>这是一个具有 application 作用域的 Bean</h3>
    <h1>你好，你是第<%=CountBean.getCount() %>位访客</h1>
</body>
</html>
```

第一次访问 applicationBean.jsp 页面的结果，与第一次访问 pageBean.jsp、sessionBean.jsp 的结果都相同。然后每刷新一次，访问计数就会增加 1，与 sessionBean.jsp 中的效果相同，说明 Bean 中的属性依然有效。不同的是，同时打开两个浏览器窗口，再次访问 application.jsp 页面，访问量计数器值仍旧会在之前的基础上加 1，而不是丢失。

注意：如果 session 作用域的 JavaBean 与 application 作用域的 JavaBean 具有相同的名称，application 作用域的 JavaBean 将会在引用 session 作用域的 JavaBean 的位置处隐藏，也就是说，session 作用域的 JavaBean 覆盖了同名的 application 作用域的 JavaBean。为了防止此种情况的发生，每个 JavaBean 应使用唯一的名称。

6.6　JSP 标准标记库

JSP 可通过使用标记指定页面元素。JSP 支持自定义标记库，也内置了 JSP 标准标记库（JSP Standard Tag Library，JSTL）。JSTL 是一个不断完善的开放源代码的 JSP 标准标记库，由 Apache 的 Jakarta 小组维护。JSTL 特别为条件处理、迭代、国际化、数据库访问和可扩展标记语言处理提供支持。

在 JSP 文件中使用 JSTL 标记，必须在 Web 应用的 lib 目录下引入 Java 标准标记库文件：jstl.jar 和 standard.jar（可从 http://tomcat.apache.org/taglibs/standard/下载）。

JSTL 中包括 4 个标准标记库，每个标记库都隐含了一个特定的功能领域，如表 6-12 所示。

表 6-12　JSTL 标记库

标　　记	URI	前　　缀	功　　能
Core	http://java.sun.com/jstl/core	c	为日常任务提供通用支持
Database access(SQL)	http://java.sun.com/jstl/sql	sql	对访问和修改数据库提供标准化支持
I18N capable formatting	http://java.sun.com/jstl/fmt	fmt	支持对 JSP 页面的国际化，即支持多种语言的应用程序
XML processing	http://java.sun.com/jstl/xml	x	支持 XML 文档处理

在 JSP 页面中使用 JSTL 中的标记，需要利用 taglib 指示元素将标记所在的标记库引入到 JSP 页面中，具体语法请参考前述章节。

下面针对 Core 标记库做进一步介绍。

Core 是 JSTL 中的核心库，为日常任务提供支持。在 Core 库中将标记按功能来分，可分为 4 种类型：变量维护、流程控制、URL 管理和其他功能标记。下面介绍其中的 6 种标记。

（1）<c:set>

该标记用于设置一个 JSP 页面变量。标记中的属性如表 6-13 所示。

表 6-13　<c:set>的属性

属 性 名	值 类 型	说　　明
value	object	将要赋给 JSP 变量或对象属性的值
var	string	变量名
scope	string	变量的作用域
target	object	对象名
property	string	对象属性名

（2）<c:remove>

该标记用于将变量从 JSP 页面中删除。标记的属性如表 6-14 所示。

表 6-14　<c:remove>的属性

属 性 名	值 类 型	说　　明
var	string	指定要删除的变量名
scope	string	指定要删除变量的作用域

（3）<c:if>

该标记与 Java 语言中的 if 语句的使用方法基本相同，但不能实现 else 的功能。标记的属性如表 6-15 所示。

表 6-15　<c:if>的属性

属 性 名	值 类 型	说　　明
test	boolean	测试条件，决定标记体是否执行
var	string	存储测试条件结果的变量
scope	string	存储测试条件结果的变量的作用域

<c:if>标记具有如下两种语法形式：

① 无标记体

```
<c:if test="测试条件" var="变量名" scope="作用域"/>
```

② 有标记体

```
<c:if test="测试条件" var="变量名" scope="作用域"/>
   标记体
</c:if>
```

注意：

- 在无标记体的情况下，必须指定 var 属性，test 属性的内容被计算后，结果存储在 var 变量中。
- 在有标记体的情况下，只有当 test 属性值为真时才执行标记体的内容。
- 无论有无标记体，scope 属性都作为可选属性。

（4）<c:choose>、<c:when>和<c:otherwise>

<c:choose>、<c:when>和<c:otherwise>不能单独使用，3 个标记组合在一起实现 Java 语言中的 switch 语句的功能。基本语法如下：

```
<c:choose>
  <c:when test="测试条件 1">
    标记体 1
  </when>
  <c:when test="测试条件 2">
    标记体 2
  </when>
  <c:otherwise >
    标记体 3
  </otherwise>
</c:choose>
```

注意：

- <c:choose>标记体中只能存在<c:when>和<c:otherwise>两种标记。
- <c:when>标记至少出现一次。
- <c:otherwise>标记最多出现一次。
- <c:when>标记必须在<c:otherwise>标记前面。

（5）<c:forEach>

该标记具有两种功能：遍历集合和实现循环。其属性如表 6-16 所示。

表 6-16　<c:forEach>的属性

属 性 名	值 类 型	说　明
var	string	存储集合当前记录的变量名
items	集合	要遍历的集合
varStatus	string	遍历的当前状态
begin	int	如果 items 属性被指定，则表示对集合进行遍历的起始索引位置；如果 items 属性没有被指定，则表示循环的起始值
end	int	如果 items 属性被指定，则表示对集合进行遍历的结束索引位置；如果 items 属性没有被指定，则表示循环的结束值
step	int	指定步长

根据功能，<c:forEach>标记有两种语法形式。

① 遍历集合对象

```
<c:forEach var="变量名" items="集合" varStatus="遍历状态名"
     begin="begin" end="end" step="step">
   标记体
</c:forEach>
```

② 实现循环

```
<c:forEach var="变量名"  varStatus="遍历状态名"
     begin="begin" end="end" step="step">
   标记体
</c:forEach>
```

（6）<c:out>

该标记用于显示变量中的内容，其属性如表 6-17 所示。

表 6-17　<c:out>的属性

属 性 名	值 类 型	说　明
Value	string	要显示的变量名
escapeXml	boolean	用于设定是否将字符“<”、“>”、“&”、“'”和“"”进行转义。若为 true，则将“<”转换成“<”，将“>”转换成“>”，将“&”转换成“&”，将“'”转换成“'”，将“"”转换成“"”；若为 false，则不转义
default	string	指定当 value 为 null 时，应该输出的值

<c:out>基本语法包括两种形式：

① 无标记体

```
<c:out value="值" escapeXml="{true|false}" default="默认"/>
```

② 有标记体

```
<c:out value="值" escapeXml="{true|false}" default="默认">
  标记体
</c:out>
```

6.7　Servlet 与 JSP 的关系

图 6-13 描述了 JSP 转化为 Servlet 的过程。JSP 的本质就是 Servlet，但直接使用 Servlet 生成表现层页面时，所有的 HTML 页面都要使用页面输出流完成，导致开发效率低。另外，对于实现 Servlet 标准的 Java 类，须由 Java 程序员开发、修改。这样，不了解 Java 编程技术的美工人员就无法参与界面开发。这些问题在很大程度上阻碍了 Servlet 作为表现层的使用。

Servlet 擅长流程处理，容易跟踪和除错，而 JSP 能较直观地生成动态页面。在标准的 MVC 模式中，JSP 作为表现层技术，Servlet 仅作为控制器使用，它们发挥了各自的优点。

下面介绍一个使用 Servlet 作为控制器的应用，该应用在之前的简单登录处理的实例的基础上做了修改，只有用户名为 hdu、密码为 edu 才允许登录，否则跳转到登录页面。

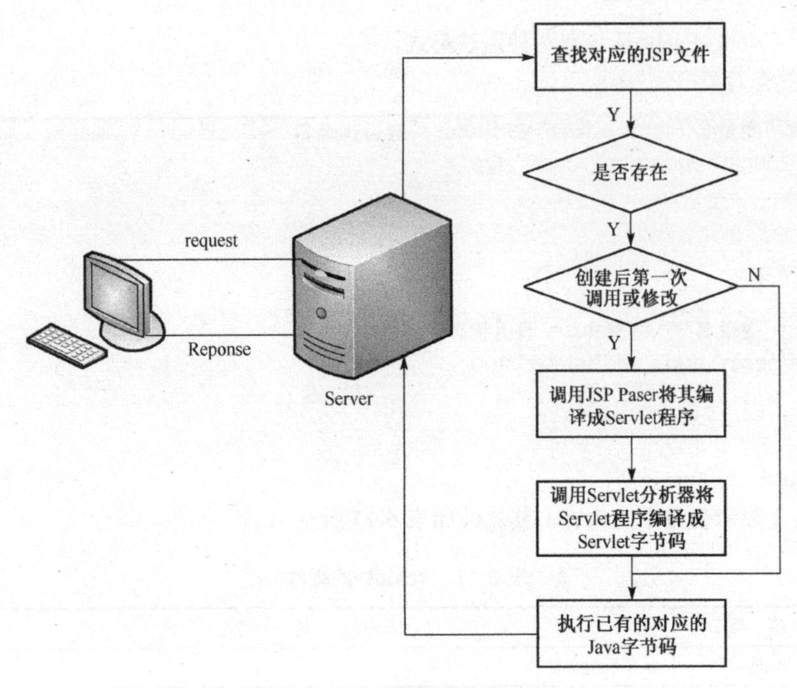

图 6-13　JSP 的执行过程

其中，Servlet 代码如下：

```
package edu.hdu.web;
import java.io.IOException;
import javax.servlet.RequestDispatcher;
import javax.servlet.ServletException;
import javax.servlet.http.HttpServlet;
import javax.servlet.http.HttpServletRequest;
import javax.servlet.http.HttpServletResponse;

public class LoginServlet extends HttpServlet {
    private static final long serialVersionUID = 1L;

    public LoginServlet() {
        super();
    }

    protected void doGet(HttpServletRequest request, HttpServletResponse response)
                throws ServletException, IOException {
        doPost(request,response);
    }

    protected void doPost(HttpServletRequest request, HttpServletResponse response)
                throws ServletException, IOException {
        //Servlet 本身不输出到相应客户端，而是将请求通过 RequestDispatcher 转发到某个页面
        RequestDispatcher rd;
        String username = request.getParameter("username");
        String password = request.getParameter("pass");
```

```
        if(username.equals("hdu")&&password.equals("edu")) {
            rd=request.getRequestDispatcher("/welcome.jsp");
            rd.forward(request, response);
        }
        else {
            rd=request.getRequestDispatcher("/login.html");
            rd.forward(request, response);
        }
    }

}
```

welcome.jsp 页面内容如下：

```
<html>
  <head>
    <meta http-equiv="Content-Type" content="text/html; charset=UTF-8">
    <title>Insert title here</title>
  </head>
  <body>
    欢迎，你已经登录!
  </body>
</html>
```

login.html 页面内容与前例相同。通过该实例，我们能更好地理解 Servlet 担当控制器角色，所有用户请求都发送给 Servlet，Servlet 处理用户请求，将处理结果转交给 JSP，由 JSP 呈现出来。需要指出的是，在标准的 MVC 模式中，用户请求的具体处理通常由 Model 完成，而由 Servlet 负责调用 Model。

6.8 JSP 2.0 的新特性

JSP 2.0 是对 JSP 1.2 的升级，其目标是比以前更易于使用。相比 JSP 1.2，JSP 2.0 新增了 Exception Language、Simple Tag 和 TagFile 等功能，同时在 web.xml 文件中新增了<jsp-config>元素。当然，所有合法的 JSP 1.2 页面也是合法的 JSP 2.0 页面。

6.8.1 JSPX

在 JSP 2.0 中，jspx 用于 JSP 文件的后缀。JSPX 文件其实就是以 XML 语法来书写 JSP 的文件。JSP 文件通常在服务器端被处理后呈现为 XHTML/HTML 代码，尽管 JSP 通常的目的是处理 Web 页面，但是 JSP 的代码呈现却不是我们希望的 XHTML/HTML 或 XML 格式，代码非常混乱，这也是为什么出现 JSPX 的原因。JSPX 完全符合 XML 语法规范，这种规范化带来很多的好处，也使得编码方便很多，如 XML 形式方便代码格式化、便于编辑呈现等。

6.8.2 Expression Language

JSP 2.0 之后，正式将 EL（Expression Language，表达式语言）纳入 JSP 标准语法。EL 主要的功能在于简化 JSP 的语法，方便 Web 开发人员的使用。

使用传统 JSP 语法：

```
<%
String str_count=request.getParameter("count");
int count=Integer.parseInt(str_count);
count=count++;
out.print("count="+count);
%>
```

使用 EL 语法可把上述语句简化为：

```
count=${param.count+1}
```

6.8.3 Simple Tag 和 Tag File

在 JSP 2.0 中，提供了两种新的方法，让开发人员可以比较简单地编写自定义标签，即 Simple Tag 和 Tag File。

与其他 Tag 处理器不同，Simple Tag 处理器只有 doTage( )，没有 doStartTag( )和 doEndTag( )，能比较简单地实现标签功能。限于篇幅，Simple Tag 的使用此处不再介绍。

利用 Tag File 则可以通过直接使用 JSP 语句来制作标签，更简单。例如，先制作一个名为 hello.tag 的 Tag File，内容如下：

```
<%
out.print("Hello from tag file");
%>
```

然后将其放置在 WEB-INF/tags 目录下。同时，创建一个使用它的 JSP 网页，内容如下：

```
<%@taglib prefix="myTag" tagdir="/WEB-INF/tags" %>
<myTag:hello/>
```

最后在浏览器中访问创建的 JSP 网页，结果为：

```
Hello from tag file
```

6.8.4 <jsp-config>元素

在 web.xml 中新增的<jsp-config>元素主要是用来设定 JSP 相关配置信息，包括两个子元素：<taglib>和<jsp-property-group>。其中，<taglib>元素在 JSP 1.2 中已经存在，而<jsp-property-group>元素则是 JSP 2.0 新增的元素。

<jsp-property-group>元素有 8 个子元素，如表 6-18 所示。

表 6-18 <jsp-property-group>的子元素

元 素 名	说 明
<description>	设定的说明
<display-name>	设定的名称
<url-pattern>	设定值所影响的范围
<el-ignored>	若为 true，表示不支持 EL 语法，若为 false，表示支持
<scripting-invalid>	若为 true，表示不支持<%scripting%>语法，若为 false，表示支持
<page-encoding>	设定 JSP 网页的编码
<include-prelude>	设置 JSP 网页的抬头，扩展名为 .jspf
<include-coda>	设置 JSP 网页的结尾，扩展名为 .jspf

6.9 思考练习题

1．JSP 规范定义了 4 个编程范围（scope）：Page、Request、Session、Application。请问每个具体范围是什么？

2．JSP 和 Servlet 有什么联系和区别？它们分别适宜于哪些场合？

3．编写一个 JSP 文件，用以显示发起请求的地址、请求使用协议和当前的时间。

提示：

（1）使用隐含变量 request 获取地址：<%= request.getRequestURI() %>。

（2）使用隐含变量 request 获取协议：<%= request.getProtocol() %>。

（3）获取当前时间：Data Now = new Date()。

4．创建一个 HTML 文件，要求用户输入待转换的摄氏温度，通过按钮提交请求一个 JSP 页面，返回对应的华氏温度。其中：华氏温度=1.8×摄氏温度+32。

HTML 文件显示效果为：

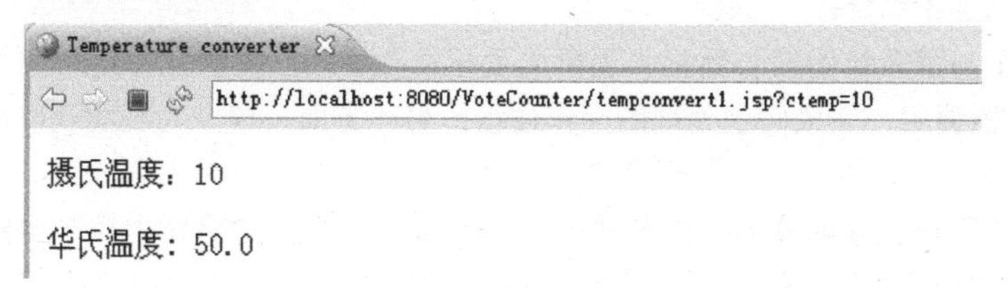

对应的 JSP 页面返回效果为：

Temperature converter
http://localhost:8080/VoteCounter/tempconvert1.jsp?ctemp=10
摄氏温度：10
华氏温度：50.0

第 7 章　Struts 入门

Struts 是一个经典的 Java EE Web 框架。本章首先介绍 MVC 设计模式，然后介绍 Struts 的体系结构和基于 Struts 的开发步骤，最后给出一个完整的 Struts 应用示例。Struts 的详细技术内容可从其官方网站 http://struts.apache.org 获取。

7.1　MVC 简介

在正式进入 Struts 学习之前，我们先了解什么是 MVC。MVC 是 Model（模型）—View（视图）—Controller（控制器）的缩写，是一种非常经典的软件设计模式。基于 MVC 模式的软件系统，其结构更加直观，系统中各模块的代码按各自功能实现高效的分离。代码分离（也叫代码解耦）能够给软件开发带来很多好处，例如：方便各类开发人员进行分组开发，各自完成不同的任务，提高开发效率；代码分离使得其中任何一个模块的修改都不会影响其他模块。因而，MVC 设计模式被广泛运用于当前各类大型的软件系统开发中。

MVC 模式包含 3 部分：

① 模型用于封装系统的核心数据、逻辑关系和业务规则，提供业务逻辑的处理过程。一方面，模型被控制器调用，完成问题处理的操作过程；另一方面，模型为视图获取显示数据提供了访问数据的操作。

② 视图是指用户交互的界面。视图从模型获得数据，视图的更新由控制器控制。视图不包含任何业务逻辑的处理，只是作为一种采集和输出数据的方式。对于 Web 应用来说，视图通常为 HTML 界面，也有可能为 XHTML、XML 和 Applet。

③ 控制器负责根据用户的输入调用相应的模型和视图去完成用户的请求。控制器本身不输出任何东西，也不做任何数据处理，只是承担一个请求分发器的职责。控制器负责接收用户请求并决定调用哪个模型去处理，以及由哪个视图来显示模型处理之后返回的数据。例如，用户单击一个链接，控制器接收请求后, 并不处理业务信息，只把用户的信息传递给某个模型，并在模型处理完成后，选择相应的视图呈现给用户。

图 7-1 描述了模型、视图、控制器这 3 部分各自的功能及它们之间的相互关系。在 MVC 模式中，一个完整的用户请求处理过程是这样的：对于每次用户输入的请求，首先被控制器接收，并决定由哪个模型来进行处理，然后模型通过业务处理逻辑处理用户的请求并返回数据，最后控制器用相应的视图格式化模型返回的数据，并通过显示页面呈现给用户。一个模型可能对应多个视图，一个视图可能会对应多个模型。

对于基于 MVC 模式的 Java EE Web 开发而言，模型代表 JavaBean 和 EJB 等组件，负责处理实际的业务逻辑视图代表在浏览器端显示内容的 JSP 页面（或其他显示层技术），控制器代表用于管理用户与视图发生的交互的 Servlet，如图 7-2 所示。

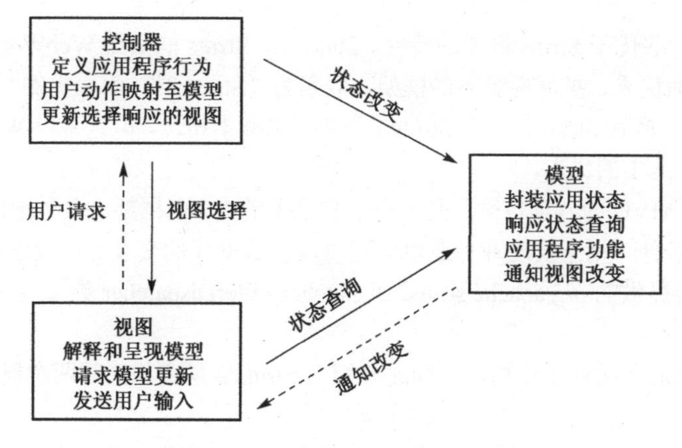

图 7-1 典型的 MVC 模式示意图

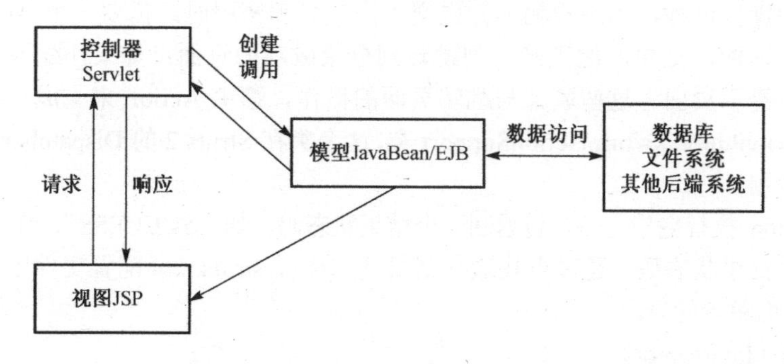

图 7-2 基于 MVC 的 Java EE Web 开发

在现实生活中，有很多产品或有意或无意地运用了 MVC 的设计思想。例如，一个台式计算机，显示器和键鼠可以看成视图，硬盘可以看成模型，主机（除硬盘）可以看成控制器。主机（控制器）接收用户从键鼠（视图）发送的请求，向硬盘（模型）查询相关程序或数据后，装到内存中运行，并通过显示器（视图）显示给用户。MVC 的设计思想使得各部分能够相互独立。例如，如果用户想让显示效果更好或屏幕更大，只需要换台新的显示器就行；如果想扩充磁盘的容量，也只需要更换硬盘即可。否则，如果三部分完全设计在一起，更换其中某个设备，如显示器，就需要把整台计算机替换，代价非常大。另外，对于计算机硬件生产商而言，显示器生产商只需要关注显示器的生产，只要让显示器能负责接收数据并显示数据就行，而不需关心具体的数据是什么。

采用 MVC 进行 Java EE Web 开发时，开发人员通常会选择一个已有的 MVC 框架，如本教材将要介绍的 Struts 2、Spring MVC 等，利用这些框架进行开发，能够极大地提高开发效率。

7.2 Struts 体系结构

早期的 Java EE Web 开发普遍使用 JSP+Servlet 技术。然而，这种技术存在一些缺陷，如用于定义页面内容的 XHTML 代码与用于处理业务逻辑的 Java 代码混合在一起，这使得代码开发和维护变得十分复杂。为了解决这个问题，Craig McClanahan 在 2001 年设计了 Struts 框架，有效地实现了 XHTML 代码与 Java 代码的分离。Struts 框架的诞生给 Java EE Web 开发带来了极大的便利，一经推出，就得到了当时全球 Web 开发者的拥护。

伴随着 Struts 框架的发展，另一些优秀的 Web 框架如 WebWork、JSF、Spring MVC 等也逐步涌现，并拥有了一些优于 Struts 框架的特性。2006 年，Struts 框架与 WebWork 框架整合双方的优点，形成一个更加优秀、扩展性更高的框架，取名为“Struts 2”，而原先的 Struts 的 1.x 版本产品命名为“Struts 1”。尽管 Struts 2 基于 Struts 1 发展，名称上相近，但它是以 WebWork 为核心的，同时吸收了一些 Struts 1 的优点。

Struts 2 实现了 MVC 的各项特性，是一个非常典型的 MVC 框架。具体地讲，在 Struts 2 中，模型对应业务逻辑组件，用于实现业务逻辑处理以及与数据库的交互等；视图对应视图组件；控制器是 Struts 2 框架提供的 org.apache.struts2.dispatcher.FilterDispatcher 类①，它根据请求自动调用相应的 Action。

为方便理解 Struts 2 的体系结构，下面先介绍与 Struts 2 紧密相关的两个概念。

（1）Action

Action 是由开发人员编写的类，负责 Web 应用程序中实现页面跳转的具体逻辑。例如，一个用户登录的操作过程，当用户输入并提交了用户名和密码时，需要一个 Action 来进行验证用户密码是否匹配。如果匹配正确，则跳转到登录成功的页面；如果匹配错误，则需要将页面跳转到错误提示页面。这些验证与跳转页面的操作，都由 Action 来完成。Action 类一般继承 com.opensymphony. xwork.ActionSupport 类，这个类在 Struts 2 的 Dispatcher 接收到 HTTP 请求的时候被调用。

当一个 Action 执行完毕之后，将返回一个结果状态码，如“SUCCESS”、“INPUT”或者其他 String 类型的结果状态码。通过查找这些结果状态码在 struts.xml 配置文件中定义的映射关系，可以确定页面跳转的方向。

（2）拦截器（Interceptor）

拦截器是动态拦截 Action 时调用的对象。拦截器提供了这样一种机制：开发者可以定义一个 Action 执行前后需要执行的代码，也可以在一个 Action 执行前阻止其执行。例如，某个删除数据的 Action 在执行前，业务逻辑需要判断用户是否已经登录并具有相应的权限，这个权限认证的过程便可以独立出来，定义成一个拦截器类。

了解了拦截器之后，我们再介绍拦截器栈（Interceptor Stack）。拦截器栈是由多个拦截器按一定顺序组成的，在请求被拦截的方法执行前，拦截器栈中的拦截器就会按其定义的顺序被调用。

Struts 2 使用多个拦截器来处理用户的请求，实现用户的业务逻辑代码与 Servlet API 分离。开发人员在 Struts 2 框架下只须编写自己的 Action 类来处理业务逻辑、编写视图页面来展示用户界面；在 struts.xml 中配置好映射关系，就可以利用 Struts 2 实现基本的业务流程。图 7-3 是 Struts 2 的体系结构简图，一个详细的 Struts 2 请求处理过程包括以下几个步骤：

① 客户端浏览器初始化一个指向 Servlet 容器的请求。

② Struts 2 的核心控制器 FilterDispatcher 接收用户发来的请求，如果用户请求以.action 结尾，请求将被转入 Struts 2 框架处理，进行相应的请求分发，以及调用指定的 Action 操作。

③ Struts 2 框架获得.action 请求后，根据 URL 中*.action 的前面部分调用相应的业务逻辑组件。例如，对于 register.action 请求，Struts 2 将调用名为 register 的 Action 来处理该请求。在 Action 处理过程中，用户从页面表单提交的数据，如用户名 name 和密码 password，在 Action 中将通过调用 setName()和 setPassword()方法，以初始化相应的属性。

---

① Struts 2.1.3 版本后，推荐使用 org.apache.struts2.dispatcher.ng.filter.StrutsPrepareAndExecuteFilter。

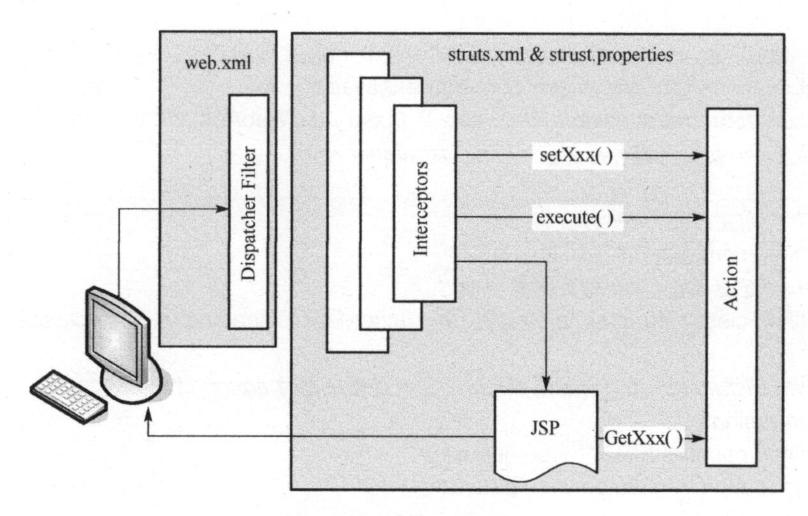

图 7-3 Struts 2 体系结构简图

④ 拦截器对请求启用相应功能，调用 Action 的 execute( )方法，后者先获取用户请求参数，再调用相应的业务逻辑组件以处理用户的请求。

⑤ 当 Action 处理用户请求结束以后，会返回一个 String 类型的处理结果（result）。根据这个 result 值，在配置文件 struts.xml 找到与之对应关联的页面，并跳转到关联的页面中。如果页面需要某些动态数据，如用户名 name 和密码 password，可以借助于 OGNL 表达式，调用 Action 的 getName( )和 getPassword( )方法，获得数据后填充到相应的页面中。

7.3 Struts 配置

Struts 2 的体系结构的各部分都依赖于 Struts 2 的配置文件。Struts 2 相关的主要配置文件有 web.xml、struts.xml、struts.properties。这些主要配置文件各自的作用是：

① web.xml：包含所有必须的框架组件的 Web 部署描述符。如要使用 Struts 2，则必须在该文件中定义 Struts 2 的核心控制器 FilterDispatcher 和过滤规则。

② struts.xml：主要负责管理应用中的 Action 映射关系和 Action 包含的 Result 定义等。

③ struts.properties：定义了 Struts 2 框架的全局属性。

7.3.1 web.xml

在进行 Java EE Web 开发过程中如果运用到某个 MVC 框架时，一般都需要在 web.xml 文件进行相应的配置。web.xml 文件位于 Web 应用程序的 WEB-INF 目录下。只有配置在 web.xml 文件中的 Servlet 才会被应用加载。对于 Struts 2 框架而言，只需要 Web 应用负责加载核心控制器 FilterDispatcher 即可，Struts 2 框架的其他组件将由 FilterDispatcher 负责加载。由于 Struts 2 将核心控制器设计成一个过滤器，而不是一个普通的 Servlet，为了让 Web 应用加载 FilterDispatcher，需要在 web.xml 文件中配置 FilterDispatcher 类。

下面是增加了 Struts 2 核心过滤器的 web.xml 配置文件的示例：

```
<?xml version="1.0" encoding="UTF-8"?>
<web-app xmlns:xsi=http://www.w3.org/2001/XMLSchema-instance
         xmlns=http://java.sun.com/xml/ns/javaee
```

```
  xmlns:web="http://java.sun.com/xml/ns/javaee/web-app_2_5.xsd"
  xsi:schemaLocation="http://java.sun.com/xml/ns/javaee
  http://java.sun.com/xml/ns/javaee/web-app_3_0.xsd" id="WebApp_ID" version="3.0">
      <!-- 定义 Struts 2 的核心控制器：FilterDispatcher -->
      <filter>
          <!-- 定义核心 Filter 的名字 -->
          <filter-name>struts2</filter-name>
          <!-- 定义核心 Filter 的实现类 -->
          <filter-class>org.apache.struts2.dispatcher.FilterDispatcher </filter-class>
      </filter>
      <!-- FilterDispatcher 用来初始化 Struts 2 并且处理所有的.action 请求 -->
      <filter-mapping>
          <filter-name>struts2</filter-name>
          <url-pattern>/*.action</url-pattern>
      </filter-mapping>
</web-app>
```

上述代码便实现了 FilterDispatcher 的配置，当用户发起了某个形如*.action 的请求时，这个请求将会被转入 struts 2 框架进行处理。

7.3.2 struts.xml

struts.xml 文件是整个 Struts 2 框架最核心的配置文件。struts.xml 位于一个 Java EE Web 项目的 src 目录下，用于定义 Action 的名称，指定 Action 的实现类，并且定义该 Action 处理结果与视图页面之间的跳转关系。7.5 节中还将更详细地讲解如何配置 Action。

以下是一个示例的 struts.xml 文件：

```
<?xml version="1.0" encoding="UTF-8" ?>
<!DOCTYPE struts PUBLIC
    "-//Apache Software Foundation//DTD Struts Configuration 2.0//EN"
    "http://struts.apache.org/dtds/struts-2.0.dtd">
<struts>
    <!-- Struts 2 的 Action 都必须配置在 package 里 -->
    <package name="default" extends="struts-default">
    <!-- 定义一个名为 Login 的 Action，实现类为 edu.hdu.javaee.struts.LoginAction -->
        <action name="Login" class="edu.hdu.javaee.struts.LoginAction">
            <!-- 配置 Action 返回 success 时转入/index.jsp，返回 failure 转入/error.jsp -->
            <result name="success">/index.jsp</result>
            <result name="failure">/error.jsp</result>
    </action>
  </package>
</struts>
```

上面的 struts.xml 文件中定义了一个名为 Login 的 Action。定义 Login 时，指定 Login 的实现类 LoginAction 的完整路径，定义了多个<result.../>元素，每个<result.../>元素指定结果状态返回码和视图页面之间的跳转关系。例如以下配置片段：

```
<result name="success">/index.jsp</result>
<result name="failure">/error.jsp</result>
```

表示当 Action 的 execute( )方法返回"success"时，跳转到 index.jsp。如果返回"failure"，页面将跳转到 error.jsp。

7.3.3 struts.properties

struts.properties 文件通常放在 Java EE Web 应用的 WEB-INF/classes 路径下。该文件定义了 Struts 2 框架的大量属性，开发人员可以通过改变这些属性来满足实际应用的需求。struts.properties 文件中包含一系列的 key-value 对象，其中 key 代表 Struts 2 的某个属性，而对应的 value 就是该属性的值。

例如，Struts 2 请求的默认后缀为 .action，可以通过修改 struts.action.extension 的值达到更换该后缀的目的。例如，在 struts.properties 文件中将 struts.action.extension=action 改写成 struts.action.extension=do，这样修改后，Struts 2 的默认请求后缀为.do。下面介绍比较常用的配置参数。

- struts.action.extension：设置 action 的后缀。
- struts.configuration：org.apache.struts2.config.Configuration 接口名。
- struts.configuration.files：Struts 2 自动加载的一个配置文件列表。
- struts.configuration.xml.reload：是否加载 xml 配置（true，false）。
- struts.continuations.package：含有 actions 的完整连续的 package 名称。
- struts.custom.i18n.resources：加载附加的国际化属性文件（不包含.properties 后缀）。
- struts.custom.properties：附加的配置文件的位置。
- struts.devMode：是否将 Struts 设置为开发模式。
- struts.enable.DynamicMethodInvocation：允许动态方法调用。
- struts.i18n.encoding：国际化信息内码编码方式。
- struts.i18n.reload：国际化信息是否自动加载。
- struts.locale：默认的国际化地区信息。

事实上，struts.properties 文件的内容均可在 struts.xml 中以<constant name=" " value=" "></constant>的方式重定义。两者只是形式上的差别，作用完全相同，可以相互替代。

7.4 编写 Action

Action 是 Struts 2 的核心，开发人员需要根据业务逻辑实现特定的 Action 代码，并在 struts.xml 中配置 Action。一般来说，每个 Action 都有一个 execute( )方法，实现对用户请求的处理逻辑。execute( )方法会返回一个 String 类型的处理结果。该 String 值用于决定页面需要跳转到哪个视图或者另一个 Action。

7.4.1 Action 的类型

Action 的编写较灵活，既可以实现为一个普通的 Java 类，也可以实现 Struts 2 框架中已有的 Action 接口，还可以继承 Struts 2 提供的 ActionSupport 类。

（1）Action 定义为普通 Java 类

```
public class LoginAction {
    public String execute() {
```

```
            return "success";
        }
}
```

Action 类是一个简单的 Java 类，只要实现一个返回类型为 String 的无参的 public 的 execute( ) 方法即可，该方法返回的 String 结果决定了页面跳转的方向。

（2）Action 实现 com.opensymphony.xwork2.Action 接口

这个接口中定义了一些常量，如 SUCCESS、ERROR，以及一个 execute( )方法。只须实现 execute( )方法，以完成相应的业务逻辑，就可以了。

```
import com.opensymphony.xwork2.Action;
public class LoginAction implements Action {
        public String execute() {
            //return "success";
            return this.SUCCESS;            //SUCCESS 常量值为"success"
        }
}
```

另外，Struts 2 也提供了一个 ActionSupport 工具类，该类实现了 Action 接口和 validate( )方法。

（3）Action 继承 com.opensymphony.xwork2.ActionSupport 类

这个 ActionSupport 类实现了 com.opensymphony.xwork2.Action 接口，所以只需要重写 execute( ) 方法就可以了。

```
import com.opensymphony.xwork2.ActionSupport;
public class LoginActionSimpleAction3 extends ActionSupport {
        public String execute() {
            //return "success";
            return this.SUCCESS
            //SUCCESS 是 ActionSupport 的 String 常静态数据成员，值为"success"
        }
}
```

以上 3 种方法都可以用来定义 Action。通常建议使用第 3 种，因为 ActionSupport 类不但实现了 com.opensymphony.xwork2.Action 接口，而且已经封装了许多其他有用的方法，能够有效地提高 Action 的编写效率。

7.4.2 在 Action 中访问 Servlet API

相比于 Struts 1 而言，Struts 2 的一个改进之处是 Action 没有与任何的 Servlet API 耦合，使得开发人员能够更方便地测试 Action。但是 Action 作为业务逻辑控制器，会经常需要访问 Servlet API，如 Action 中的业务逻辑有时需要获取 Request 或 Session 对象中的信息。Struts 2 提供 ActionContext 类与 ServletActionContext 类用于 Action 访问 Servlet API。

例如，可通过 ActionContext 的静态方法 getContext( )获取当前 Action 的上下文对象：

```
ActionContext ctx = ActionContext.getContext();
ctx.put("Bob", "Bill");                  //等价于 request.setAttribute("Bob", "Bill");
Map session = ctx.getSession();   //获得 session 对象
HttpServletRequest request = ctx.get(org.apache.struts2.StrutsStatics.HTTP_REQUEST);
                                          //获得 request 对象
```

```
HttpServletResponse response = ctx.get(org.apache.struts2.StrutsStatics.HTTP_RESPONSE);
                                    //获得 response 对象
```

注意：这里的 Session 是个 Map 对象，在 Struts 2 中底层的 Session 都被封装成了 Map 类型。可以直接操作这个 Map 对象实现对 Session 的写入和读取操作，而不用去直接操作 HttpSession 对象。

ServletActionContext 类直接继承了 ActionContext 类。通过 ServletActionContext 提供的一些静态方法，可以获得 Servlet 相关对象，包括：

- javax.servlet.http.HttpServletRequest：HTTPservlet 请求对象。
- javax.servlet.http.HttpServletResponse：HTTPservlet 响应对象。
- javax.servlet.ServletContext：Servlet 上下文信息。
- javax.servlet.ServletConfig：Servlet 配置对象。
- javax.servlet.jsp.PageContext：Http 页面上下文。

例如，取得 HttpServletRequest 对象：

```
HttpServletRequest request = ServletActionContext.getRequest( );
```

或者取得 HttpSession 对象：

```
HttpSession session = ServletActionContext.getRequest( ).getSession( );
```

注意：ServletActionContext 和 ActionContext 有一些重复的功能，相比 ActionContext 而言，ServletActionContext 更加重量级，因而在 Action 的代码中优先选择轻量级的 ActionContext。在 Action 的代码中，如果使用 ActionContext 能够实现需要的功能，最好不要使用 ServletActionContext。同时，建议 Action 尽量不要直接去访问 Servlet 的相关对象，以降低 Action 的测试复杂度。

7.5 配置 Action

编写完 Action 类后，开发者还必须在配置文件 struts.xml 中配置 Action，告诉 Struts 2 框架：针对具体某一种请求，Web 容器应该交由哪个 Action 进行处理。7.3.2 节中已经简要介绍了如何在 struts.xml 配置 Action，本节将进一步讲解 Struts 2 中 Action 配置的规则。

Struts 2 使用 Package 来配置一个 Action，在<package>元素下的<action>子元素中配置 Action。每个 Package 中包括多个 Action 和多个拦截器。Package 元素的配置较为简单，包括以下几个元素：

- name：Package 的名字，用于其他 Package 引用该 Package 时唯一标识该 Package 的关键字。
- extends：定义 Package 的继承源。Package 可以继承其他 Package，继承其他 Package 中的 Action 定义及拦截器定义。
- namespace：为解决命名冲突，Package 可以设置一个命名空间。
- abstract：当 abstract="true"时，表示该 Package 为抽象包。抽象包中意味着该 Package 不能定义 Action。

其中，只有 name 属性是 Package 元素所必需的，其他 3 个均为可选。

Strut 2 以命名空间的方式来管理 Action，同一个命名空间里不能有同名的 Action，不同的命名空间里可以有同名的 Action。Struts 2 不支持为单独的 Action 设置命名空间，而是通过为包指定 namespace 属性，来为包下面的所有 Action 指定共同的命名空间。

在介绍完 Package 配置之后，下面介绍如何配置 Action。一个 Action 的配置至少应该配置下面几个元素：

- Action 的 name，即用户请求所指向的 URL。
- Action 所对应的 class 元素，对应 Action 类的全限定类名。
- 指定 result 逻辑名称和实际资源的定位关系。

7.5.1 Action 映射的简单配置

Action 映射是 Struts 2 框架中的基本映射规则，Action 映射就是将一个请求 URL（即 Action 的名字）映射到一个 Action 类，当一个请求匹配某个 Action 的名字时，Struts 2 框架就使用这个映射来确定由该 Action 处理请求。表 7-1 列出了 Action 元素的属性。

表 7-1　Action 元素的属性

属　性	是否必须	说　明
name	是	Action 的名字，用于匹配 URL
class	否	Action 实现类的全限定类名
method	否	执行 Action 类时调用的方法
convert	否	应用于 Action 的类型转换的全限定类名

Action 映射的配置形式有多种，可以配置直接转发的请求，也可以指定处理的 Action。后面的章节还将介绍指定 method、动态方法调用等配置形式。

（1）配置直接转发的请求

只定义 name 属性来表示要匹配的映射地址，并在子元素<result>中配置要转发的页面。例如：

```
<action name="index">
    <result>welcome.jsp</result>
</action>
```

这样，对于 URL 类似为"http://localhost:8080/StrutsDemo/index.action"的请求，页面将跳转到 welcome.jsp。

（2）指定处理的 Action 类

也可以使用 class 属性来指定要使用的 Action 类名。例如：

```
<action name="user" class="edu.hdu.javaee.struts.UserAction" >
    <result name="success">/user.jsp</result>
    <result name="error">/error.jsp</result>
</action>
```

这段代码定义了处理请求 URL 类似为"http://localhost:8080/StrutsDemo/user.action"的 Action 类路径为 edu.hdu.javaee.struts.UserAction，调用其 execute( )方法。根据 execute( )方法返回的值，决定页面的跳转。Action 配置可以添加多个<result>，这表示 Action 类可能会有多个返回结果，不同的返回结果跳转到不同的 JSP 页面。

7.5.2 使用 method 属性

在 7.5.1 节配置 Action 的例子中，默认调用其 execute( )方法。在 struts.xml 文件中，还可以为同一个 Action 类配置不同的别名，并使用 method 属性指定 Action 调用的方法（而不是默认的 execute( )方法）。下面的 struts.xml 文件为同一个 Action 类配置了不同的别名：

```
<package name="methods" namespace="/" extends="struts-default">
<!-- method 属性未设置，调用 ItemsAction 类中的 execute 方法 -->
  <action name="list" class="edu.hdu.javaee.struts.ItemsAction">
      <result name="success">/Methods/list.jsp</result>
  </action>
  <!-- 对应着 ItemsAction 类中的 add 方法 -->
  <action name="add" class="edu.hdu.javaee.struts.ItemsAction" method="add">
      <result name="success">/Methods/add.jsp</result>
  </action>
  <!-- 对应着 ItemsAction 类中的 edit 方法 -->
  <action name="edit" class="edu.hdu.javaee.struts.ItemsAction" method="edit">
      <result name="success">/Methods/edit.jsp</result>
  </action>
</package>
```

相应的 ItemsAction 类的代码如下：

```
import com.opensymphony.xwork2.ActionSupport;
public class ItemsAction extends ActionSupport {
    public String execute() throws Exception {
        return SUCCESS;
    }
    public String add() throws Exception {
        return SUCCESS;
    }
    public String edit() throws Exception {
        return SUCCESS;
    }
}
```

使用 Action 的 method 属性可以指定任意方法处理请求（只要该方法与 execute()方法具有相同的格式），这样就可以在同一个类中完成不同的业务逻辑处理，而不需要去编写不同的 Action 类。

Struts 2 根据 Action 元素的 method 属性查找对应请求的执行方法的过程如下。

① 查找与 method 属性值完全一致的方法。

② 如果没有找到完全一致的方法，则查找 doMethod( )形式的方法。

③ 如果仍然没有找到，则 Struts 2 抛出无法找到方法的异常。

7.5.3 动态方法调用

Struts 2 中的动态方法调用是指无须配置 method 属性就可以直接调用 Action 中的非 execute 方法的方式。这种调用方法在 Action 的名字中使用！来标识要调用的方法名，其语法格式为

actionName!methodName.action

例如，配置如下 Action：

```
<action name="user" class="edu.hdu.javaee.struts.UserAction">
    <result name="success">/Methods/list.jsp</result>
</action>
```

当请求/user!delete.action 时，就会自动调用 UserAction 中的 delete()方法。但这种调用方式会带来一定的安全隐患。

7.5.4 默认 Action

如果用户请求一个不存在的 Action，结果将是 HTTP 404 错误。在 Struts 2 中可以指定一个默认的 Action，如果一个请求没有其他 Action 与之匹配，那么默认 Action 将被执行。默认 Action 使用 default-action-ref 元素来声明，如下所示：

```
<!-- 默认 action -->
<package name="defaultAction" namespace="/default" extends="struts-default">
   <default-action-ref name="error"></default-action-ref>
   <action name="error" class="edu.hdu.javaee.struts.DefaultAction">
      <result name="success">/defaultAction.jsp</result>
   </action>
</package>
```

注意：

① 根据 struts-2.0.dtd 中定义的 Package 元素的内容模型，default-action-ref 必须在 Action 元素之前使用。上面示例中，如果请求的是/default/defaultaction1.action，框架找不到映射到 defaultaction1 的 Action，那么名为 error 的 Action 将被调用。

② 每个包中都可以有它自己默认的 Action，但是每个命名空间应该只有一个默认 Action。如果具有相同命名空间的多个包中都声明了默认 Action，那么哪个 Action 才是默认的将无法保证。

③ 默认 Action 设置只对 Action 的访问有效。如果访问一个非 Action 的资源，如 user.jsp，而该页面不存在，这时仍会看到 HTTP 404 错误。如果想为整个 Web 应用程序指定默认页面，需要在 web.xml 文件中对 HTTP 404 错误指定相应的错误处理页面。例如，在 web.xml 中添加以下代码：

```
<error-page>
    <error-code>404</error-code>
    <location>/error.html</location>
</error-page>
```

7.6 一个完整的 Struts 应用实例

为了更好地理解并运用 Struts 2，下面给出一个 Struts 2 示例。这是一个用户登录界面的示例，当用户输入用户名和密码匹配时，跳转到 success 页面，否则跳转到 error 页面。

首先新建一个 Web 应用，这里取名为 HelloWorld；其次为 Web 应用增加 Struts 2 支持：下载最新版的 Struts 2 完整版（以 Struts 2.3.1 为例），解压后，将 lib 文件夹下的 struts2-core-2.3.1.2.jar、xwork-core-2.3.1.2.jar 、 freemarker-2.3.18.jar 、 javassist-3.11.0.GA.jar 、 commons-io-2.0.1.jar 、commons-fileupload-1.2.2.jar、commons-lang-2.5.jar 及 orgnl-3.0.4.jar 等必需的类库复制到 Web 应

用的 WEB-INF\lib 路径下；然后，编辑 Web 应用的 web.xml 文件，配置 Struts 2 的核心 Filter；配置 struts.xml，编写 Action 和 JSP 页面。

1. 新建一个动态 Web 项目并导入 Struts 2 的相关类库

建议使用 Eclipse 开发环境，具体操作方法见附录 A。

2. 配置 web.xml

在 web.xml 中配置 Struts 2 过滤器，用于拦截用户请求，启动 Struts 2 相应处理：

```
<?xml version="1.0" encoding="UTF-8"?>
<web-app xmlns:xsi=http://www.w3.org/2001/XMLSchema-instance
  xmlns=http://java.sun.com/xml/ns/javaee
  xmlns:web="http://java.sun.com/xml/ns/javaee/web-app_2_5.xsd"
  xsi:schemaLocation="http://java.sun.com/xml/ns/javaee
  http://java.sun.com/xml/ns/javaee/web-app_3_0.xsd" id="WebApp_ID" version="3.0">
     <filter>
     <!-- 配置 filter -->
     <filter-name>struts2</filter-name>
          <filter-class>org.apache.struts2.dispatcher.FilterDispatcher</filter-class>
     </filter>
     <filter-mapping>
          <!-- 拦截所有 URL 用户请求 -->
          <filter-name>struts2</filter-name>
          <url-pattern>/*</url-pattern>
     </filter-mapping>
     <!-- 配置欢迎界面文件 -->
     <welcome-file-list>
          <welcome-file>HelloWorld.jsp</welcome-file>
     </welcome-file-list>
</web-app>
```

3. 配置 struts.xml 文件

在 src 目录下配置 struts.xml 文件（Eclipse 将自动复制至 WEB-INF\classes 目录下）：

```
<?xml version="1.0" encoding="UTF-8" ?>
<!DOCTYPE struts PUBLIC
     "-//Apache Software Foundation//DTD Struts Configuration 2.0//EN"
     "http://struts.apache.org/dtds/struts-2.0.dtd">
     <!-- 配置 struts2 -->
     <struts>
          <!-- 配置包，名称为 firstStruts -->
     <package name="firstStruts" extends "struts-default"
          <!-- 配置 Action -->
     <action name="HelloWorld" class="edu.hdu.javaee.struts.HelloWorld">
          <!-- 配置返回结果 -->
          <result name="success">/success.jsp</result>
          <result name="error">/error.jsp</result>
     </action>
     </package>
</struts>
```

在默认情况下，Struts 2 会自动加载位于 WEB-INF\classes 目录下的 struts.xml 配置文件。

<package>定义了一个包空间 firstStruts，该文件中只配置了一个 Action，name 为"HelloWorld"，对应的 class 为"edu.hdu.javaee.struts.HelloWorld"，即指定 WEB-INF\classes\edu\hdu\javaee\struts 目录下的 HelloWorld.class 类文件，当然现在还没有这个文件，后面将会编写和编译该文件。

另外一个配置就是 result，即 Action 处理后返回给用户的视图资源，从中可以看到配置了两个 result：success 和 error，分别对应 success.jsp 和 error.jsp。后面也将会建立这两个文件。

这里介绍的 HelloWorld 应用要求用户在客户端输入用户名和密码，提交后发送请求给 Struts 2 框架的核心控制器 FilterDispatcher。FilterDispatcher 根据配置，将请求转发给 Action，由 Action 判断输入的用户名和密码是否正确。如果正确，则返回 success.jsp 页面给用户；如果输入的用户名和密码不正确，则返回 error.jsp 页面给用户，并提示输入有误，无法登录。

4. 编写 Action

HelloWorld 应用中的 Action 是业务控制器。Struts 2 的 Action 可以是一个普通的 Java 类（POJO），这里的 HelloWorld.java 内容如以下代码：

```
package edu.hdu.javaee.struts;
public class HelloWorld {
    private String name;
    private String password;
    public String getName() {
        return name;
    }
    public String getPassword() {
        return password;
    }
    public void setPassword(String password) {
        this.password = password;
    }
    public void setName(String name) {
        this.name = name;
    }
    public String execute() {
        if (getName().equals("Tom") && getPassword().equals("123")) {
            return "success";
        }
        else {
            return "error";
        }
    }
}
```

5. 编写 JSP 页面

最后，需要编写视图层页面，包括 success.jsp、error.jsp 和一个用户输入界面 HelloWorld.jsp。

（1）HelloWorld.jsp

```
<%@ page language="java" contentType="text/html; charset=utf-8"
    pageEncoding="utf-8" import="java.sql.*" errorPage="" %>
<!DOCTYPE html PUBLIC "-//W3C//DTD HTML 4.01 Transitional//EN"
```

```
    "http://www.w3.org/TR/html4/loose.dtd">
<html>
<head>
    <meta http-equiv="Content-Type" content="text/html; charset=utf-8" />
    <title>Hello World!!</title>
</head>
<body>
    <!—form 的 action 指向定义的 action 名称 -->
    <form id="id1" name="form1" method="post" action="HelloWorld.action">
        <p>Username:
        <label>
            <input name="name" type="text" />
        </label>
        </p>
        <p>Password:
        <label>
            <input name="password" type="password" />
        </label>
        </p>
        <p>
        <label>
            <input type="submit" name="Submit" value="提交" />
        </label>
        </p>
    </form>
</body>
</html>
```

在 Struts 2 中，通过表单提交的表单数据不需要再通过 HttpServletRequest 去取，而是直接通过 Action 类中对应字段的 set()方法来设值，用 get()方法来取值。

本例中，表单提交后，字段 name 和 password 值自动通过 HelloWorld.java 中的 SetName 与 SetPassword 方法设置。在使用这些值时，只需通过 getName()和 getPassword()方法就可以取得。

（2）success.jsp

```
<%@ page language="java" contentType="text/html; charset=utf-8"
    pageEncoding="utf-8"%>
<!DOCTYPE html PUBLIC "-//W3C//DTD HTML 4.01 Transitional//EN"
    "http://www.w3.org/TR/html4/loose.dtd">
<html>
<head>
    <meta http-equiv="Content-Type" content="text/html; charset=utf-8">
    <title>返回界面</title>
</head>
<body>
    Welcome! <%out.println(request.getParameter("name"));%>
</body>
</html>
```

（3）error.jsp

```
<%@ page language="java" contentType="text/html; charset=utf-8"
    pageEncoding="utf-8"%>
<!DOCTYPE html PUBLIC "-//W3C//DTD HTML 4.01 Transitional//EN"
    "http://www.w3.org/TR/html4/loose.dtd">
<html>
<head>
    <meta http-equiv="Content-Type" content="text/html; charset=utf-8">
    <title>错误界面</title>
</head>
<body>
    您输入有误，无法登录!
</body>
</html>
```

这样，一个完整的应用就可以运行了。程序运行效果图如图7-4所示，其中图 7-4(a)为输入用户名和密码的界面，图 7-4(b)为提交后显示的页面。

(a) 用户名和密码的输入界面　　(b) 提交后的显示界面

图 7-4　Struts HelloWorld 运行效果图

7.7　思考练习题

1．MVC 的 3 个组成部分各自的任务是什么？为什么大量的 Web 框架采用 MVC 设计模式？

2．Web 容器是如何将用户的请求转给 Struts 2 框架来处理的？Struts 2 处理请求的基本流程包括哪几步？

3．拦截器的作用是什么？

4．如何配置一个 Action？如何设定根据 Action 运行结果实现页面跳转？

第8章　Spring入门

Spring框架与Struts一样，是一种轻量级的、开源的Java EE/J2EE应用软件框架。本章介绍Spring框架的整体架构和主要特性，以及如何开发一个简单的基于Spring框架的应用软件。Spring框架的详细技术内容可从其官方网站http://www.springsource.org获取。

8.1　Spring框架简介

早期部署分布式企业级应用的主要模式是EJB（Enterprise JavaBean）。EJB定义了一个用于开发基于组件的企业多重应用程序的标准。然而EJB模式的复杂性使之在Java EE/J2EE架构中的表现一直不是很好，成为业界公认的诟病。

为此，Rod Johnson在*Expert One-on-One J2EE Development without EJB*一书中总结了EJB的种种问题，并提出了一个更轻量级的解决方案：Spring框架（Spring Framework）。按照Rod Johnson的观点，开发绝大部分的J2EE应用软件根本不需要复杂的EJB。而Spring框架具有简单、可测试和松耦合的特征，在很大程度上可以简化企业级应用开发。有了Spring框架，那些以前只有EJB才能实现的功能就可以用简单的JavaBeans来实现。从那时开始，人们对EJB的狂热崇拜才渐渐趋于理性，也引发了Java业界一场关于重量级的EJB和轻量级Spring孰优孰劣的长久争论。

与Struts一样，Spring框架（或简称为Spring）都是一种轻量级的、开源的Java EE/J2EE应用软件框架。Struts注重的是表现和逻辑耦合的降低，主要把业务逻辑与表现层分离，但是不涉及业务层与持久层的关联。而Spring框架的功能覆盖范围更广泛，包括了表现层、持久化层等。Spring框架提供了许多以前只有EJB才有的功能，且又不依赖于EJB容器。

Spring框架的核心是一个轻量级的容器，提供了众多服务，如事务管理服务、消息服务、JMS服务、持久化服务等。通过AOP技术，基于Spring框架的应用软件可以很容易地实现如权限拦截、运行期监控等功能。另外，Spring框架对主流的其他应用框架（如Struts）也提供了很好的集成支持。

Spring框架是一个分层架构，由7个定义良好的模块（子框架）组成，开发人员可以随意地单独使用这些模块中的任何一个。

① 控制反转容器［IoC（Inversion of Control）Container］，也称为核心容器（Core Container）。控制反转容器负责创建和配置应用程序对象，并将它们组装在一起。核心容器的主要组件是BeanFactory，它是工厂模式的实现。BeanFactory使用控制反转（IoC）模式将应用程序的配置和依赖性规范与实际的应用程序代码分开。

② Spring上下文。Spring上下文是一个配置文件，向Spring框架提供上下文信息。Spring上下文包括企业服务，如JNDI、EJB、电子邮件、国际化、校验和调度功能。

③ AOP（Aspect-Oriented Programming，面向方面编程）框架。Spring AOP框架将横切关注

点（cross-cutting concern）与特定对象上的特定方法调用联系起来，使得编写具体代码时不需知道这些横切关注点的存在。

④ 数据访问框架。数据访问框架隐藏了使用持久化 API（如 JDBC、Hibernate 和许多其他 API）的复杂性。使用 Spring 框架时，诸如如何获得数据库连接、如何确保连接关闭、如何处理异常，以及如何进行事务管理等问题，都可以由框架进行处理。

⑤ Spring Web MVC。Spring Web MVC 提供 MVC 框架，处理请求到控制器以及控制器到视图的映射，并整合了所有流行的视图技术，包括 JSP、Velocity、FreeMarker、XSLT、JasperReports、Excel 和 PDF。

⑥ Spring ORM（Object Relational Mapping）。Spring 框架插入了若干个 ORM 框架，从而提供了 ORM 的对象关系工具，其中包括 JDO、Hibernate 和 iBatis SQL Map。所有这些都遵从 Spring 框架的通用事务和 DAO（Data Access Object，数据访问对象）异常层次结构。

⑦ Spring Web 模块。Web 上下文模块建立在应用程序上下文模块之上，为基于 Web 的应用程序提供了上下文。

8.2 控制反转

Sping 框架提供了一个强大的、可扩展的 IoC（Inversion of Control，控制反转）容器来管理组件。这个容器是 Spring 框架的核心，同时与 Spring 框架的其他模块紧密集成在一起。本节首先介绍 Spring IoC 这个最核心的概念。

8.2.1 IoC 和依赖注入

在面向对象程序设计中，对象与对象之间除了有继承、组合等关系之外，还有一种关系叫依赖关系。例如，在类 A 需要使用类 B 的一个实例来进行某些操作，或者在类 A 的方法中需要调用类 B 的方法来完成功能，这就叫做类 A 依赖于类 B。

在传统的代码实现中，这种依赖关系是在程序代码中直接定义实现的。而在 IoC 模式中，对象依赖关系是由容器来控制的，程序只负责接口（Interface）的控制。这种控制权从代码到外部容器的转移，业界给了一个非常形象的术语，叫做控制反转，也叫依赖注入（Dependency Injection）。

而 Spring 框架的核心正是一个轻量级的、实现了控制反转模式的容器。这里，轻量级是相对于复杂的 EJB 而言的。Spring 框架的控制反转容器就像一个大的对象工厂，某个对象的实例化由这个容器控制，而不是以 new 的方式去实例化对象。换句话说，实例化对象的控制权“反转”给了容器。同时，在容器实例化对象时，对象间的相互依赖关系也会构建好，即所谓的把依赖关系“注入”进去。Spring 框架的控制反转功能的最大好处是解决了传统软件开发中组件耦合性高、维护困难的问题，因为使用 Spring 框架更改组件依赖关系可以通过修改相关的 XML 配置文件或注解（annotation）实现，而无须修改代码。

下面详细介绍控制反转的 3 种形式：接口注入、设值注入和构造器注入，以便更好地理解控制反转的含义。

1. 接口注入

接口常用来分离调用者和实现者，如下面这段代码：

```
public class UserService {
    private UserDAO userDao;
    public void queryList() {
        Ojbect obj =Class.forName(Config.UserDAOImpl).newInstance();
        userDao = (UserDAO)obj;
        userDao.queryList() ;
    }
    ......
}
```

上面的代码中，UserService 依赖于 UserDAO 的实现。如何获得 UserDAO 实现类的实例？传统的方法是在代码中创建 UserDAO 实现类的实例，并将其赋予 useDao。而这样一来，UserService 在编译期即依赖于 UserDAO 的实现。为了将调用者与实现者在编译期分离，于是有了上面的代码。我们根据预先在配置文件中设定的实现类的类名（Config. UserDAOImpl），动态加载实现类，并通过 UserDAO 强制转型后为 UserService 所用。这就是接口注入的一个原始的雏形。

2. 设值注入

各种类型的依赖注入模式中，设值注入模式在实际开发中得到了广泛的应用，如下面的代码。

```
public class UserService {
    private UserDAO userDao;
    public void setUserDao(UserDAO dao) {
        this.userDao = dao;
    }
    ......
}
```

在运行时，userDao 通过参数 dao 传递进行赋值，而 dao 是将由外部容器提供。

3. 构造器注入

依赖关系是通过类构造函数建立的。容器通过调用类的构造方法将其所需的依赖关系注入其中，例如：

```
public class UserService {
    private UserDAO userDao;
    public UserService (UserDAO dao) {
        this.userDao = dao;
    }
    ......
}
```

这 3 种注入方式各有特点，具体选择哪种应该视实际情况而定。

① 接口注入在灵活性、易用性上不如其他两种注入模式，因而在 IoC 的业内并不被看好。

② 设值注入与传统的JavaBean 的写法更相似，开发人员更容易理解、接受。对于复杂的依赖关系，通过设值注入方式显得更直观、更明显，如果采用构造注入，会导致构造器过于臃肿，难以阅读。

③ 构造器注入的优点是能够方便地控制依赖关系的注入顺序，即在构造器中决定依赖关系的注入顺序，优先依赖的优先注入。此外，构造器注入更适用于依赖关系无须变化的 Bean，因为

没有 setter()方法，不用担心后续代码对依赖关系的破坏。对组件的调用者而言，组件内部的依赖关系完全透明，更符合高内聚的原则。

所以在大部分情况下，我们建议采用以设值注入为主、构造器注入为辅的注入策略。对于依赖关系无须变化的注入，考虑采用构造器注入，而其他依赖关系的注入则考虑采用设值注入。

8.2.2 Bean 和 Bean 配置

下面介绍 IoC 在 Spring 框架中是如何应用的。一个基于 Spring 框架的应用软件最主要的就是 Bean 的定义和配置。在 Spring 框架中，Bean 定义及 Bean 相互间的依赖关系是通过一个配置文件来描述的。下面是一个 Bean 定义文件 beans、xml 的示例：

```
<?xml version="1.0" encoding="UTF-8"?>
    <beans xmlns="http://www.springframework.org/schema/beans"
    xmlns:xsi="http://www.w3.org/2001/XMLSchema-instance"
    xsi:schemaLocation="http://www.springframework.org/schema/beans
    http://www.springframework.org/schema/beans/spring-beans-3.0.xsd">
    <bean id="userAction" class="edu.hdu.spring.UserAction"
        scope="prototype">
        <property name="userBO" ref="userBO" />
    </bean>
</beans>
```

从上面的代码可以看到，所有的 Bean 都在<beans/>元素中。<beans/>元素是 Spring 配置文件的根元素，而 Bean 元素是 beans 的子元素。每个 Bean 对应于一个 Java 类，定义 Bean 至少有两个基本属性需要设定：id 和 class。

id 相当于定义了这个 bean 的别名，如果需要它，只要关联这个别名就可以了，就相当于<property name="userBO" ref="userBO" />中 ref 属性所使用的别名一样。

class 是定义 Bean 对应 Java 类的完整路径。这个类不可以是一个接口，而应该是能够实例化对象的具体类。

bean 的其他属性还包括：

- scope：表示 bean 的作用域默认为 Singleton，即单实例模式，每次 getBean("id")时获取的都是同一个实例。
- init-method：在 Bean 实例化后要调用的方法。
- destroy-method：Bean 从容器里删除之前要调用的方法。
- autowire：表示通过何种方法进行属性的自动装配。如果设置了 autowire 的值，则表明需要自动装配，否则是手动装配。

Bean 元素下的<property name="userBO" ref="userBO" />指定了实例之间的依赖关系。这里，Spring 框架会采用设值方法，为目标 id 为 userAction 的 Bean 注入所依赖的 id 为 userBO 的 Bean。

8.2.3 Bean 的作用域

在 Spring 配置文件中，不仅可以定义 Bean 的 id、class 等属性，还可以控制 Bean 的作用域。Bean 作用域是指 Bean 实例的生存空间（或者称做有效范围），其可影响 Bean 的生命周期和创建方式。这里，Bean 的生命周期是指 Bean 实例从诞生到消亡的时间周期。

Bean 的作用域是通过 scope 来配置的，例如：

<bean id=" myBean " class="edu.hdu.javaee.spring.MyBean" scope="singleton"/>

这里，scope 值为 singleton，表示声明 myBean 实例在整个容器中只会存在一个。

在 Spring 2.0 之前，Bean 只有两种作用域：singleton（单例）和 non-singleton（也叫 prototype）。在 Spring 2.0 以后，增加了 session、request、global 这 3 种专用于 Web 应用程序上下文的 Bean。因此，默认情况下，Spring 框架有 5 种作用域类型的 Bean，如表 8-1 所示。

表 8-1 Bean 的分类及其作用域范围

类　型	适 用 情 况	备　注
singleton（单例）	无限制	在整个 Spring 容器中共享一个 Bean
prototype（原型）	无限制	每次请求 Bean，Spring 都会创建一个新的 Bean 对象返回
request（请求范围）	只能使用在 Web 环境中	对每个请求共享一个 Bean 实例
session（会话范围）	只能使用在 Web 环境中	对每个会话共享一个 Bean 实例
globle（全局会话）	只能使用在使用 portlet 的 Web 程序中	各种 portlet 共享一个 Bean 实例

8.2.4 Bean Factory

Spring IoC 设计的核心是 org.springframework.beans 包。这个包通常不是由用户直接使用，而是由服务器将其用作其他多数功能的底层中介。该包中有一个重要的接口：org.springframework.beans.factory.BeanFactory。其职责包括：实例化、定位、配置应用程序中的 Bean 对象及创建这些 Bean 对象间的依赖。BeanFactory 支持两个对象模型。

① 单例模型（singleton）：提供了具有特定名称的 Bean 对象的共享实例，可以在查询时对其进行检索。单例模型是默认的，也是最常用的对象模型，对于无状态服务对象很理想。

② 原型模型（prototype）：确保每次检索都会创建单独的 Bean 对象。在每个用户都需要自己的对象时，原型模型最适合。

BeanFactory 实际上是实例化、配置和管理众多 Bean 的容器。这些 Bean 通常会彼此合作，因而它们之间会产生依赖。BeanFactory 使用的配置数据可以反映这些依赖关系。

一个具体的 BeanFactory 可以用接口 org.springframework.beans.factory.BeanFactory 表示。这个接口有多个实现，最常使用的 BeanFactory 实现是 org.springframework.beans.factory.xml.XmlBeanFactory。这个 BeanFactory 需要一个 XML 文件，以描述组成应用的 bean 对象及 bean 对象间的依赖关系。

通常情况下，所有被 BeanFactory 管理的用户代码不需要知道 BeanFactory，但是 BeanFactory 还是可以某种方式实例化。例如：

```
InputStream is = new FileInputStream("beans.xml");
XmlBeanFactory factory = new XmlBeanFactory(is);
```

或者

```
ClassPathResource res = new ClassPathResource("beans.xml");
XmlBeanFactory factory = new XmlBeanFactory(res);
```

Bean 配置文件 beans.xml 描述了如何创建一个或多个实际 bean 对象。在需要的时候，Spring 容器会从 Bean 定义列表中取得一个指定的 Bean 定义，并根据 Bean 定义里面的配置元数据使用反射机制来创建一个实际的对象。

BeanFactory 的常用方法有：

- boolean containsBean(String)：如果 BeanFactory 包含给定名称的 Bean 定义（或 Bean 实例），则返回 true。
- Object getBean(String)：返回以给定名字注册的 bean 实例。如果为 singleton 模式，将返回一个共享的实例，否则返回一个新建的实例；如果没有找到指定的 Bean，该方法抛出 BeansException 异常。
- Object getBean(StringClass)：返回以给定名称注册的 Bean 实例，并转换为给定 class 类型的实例，如果转换失败，该方法将抛出 BeanNotOfRequiredTypeException 异常。
- Class getType(String name)：返回给定名称的 Bean 的类，如果没有找到指定的 Bean 实例，则抛出 NoSuchBeanDefinitionException 异常。

例如，如果在 Bean 配置文件中有如下 Bean 定义：

```
<bean id="myBean" class="examples.myBean"/>
<bean name="anotherExample" class="examples.ExampleBeanTwo"/>
```

则可以下列语句创建这个 Bean：

```
MyBean myBean = (MyBean)factory.getBean("myBean");
```

8.2.5 ApplicationContext

ApplicationContext 接口在 org.springframework.context 包中，提供了 BeanFactory 所有的功能并给予了适当扩展。从 ApplicationContext 中获取 Bean，也可使用 getBean( )方法。

ApplicationContext 的常用实现包括：

- ClassPathXmlApplicationContext：从类路径中的 XML 配置文件中装入上下文定义，如

  ApplicationContext context = new ClassPathXmlApplicationContext("foo.xml");
- FileSystemXmlApplicationContext：从文件系统中的 XML 配置文件中装入上下文定义，如

  ApplicationContext context = new FileSystemXmlApplicationContext("c:/foo.xml");
- XmlWebApplicationContext：从 Web 应用目录 WEB-INF 中的 XML 配置文件中装入上下文定义。

与 BeanFactory 相比，ApplicationContext 增加了如下功能：

① 提供消息解析方法，包括国际化支持消息。

② 提供资源访问方法，如装载文件资源（如图片）。

③ 可以向注册为监听器的 Bean 发送事件。

④ 可以载入多个（有继承关系）上下文类，使得每个上下文类都专注于一个特定的层次，如应用的 Web 层。

因为 ApplicationContext 包括了 BeanFactory 所有的功能，所以通常建议先于 BeanFactory 使用。下面介绍 ApplicationContext 在 BeanFactory 的基础上增加的关于消息解析的功能。

ApplicationContext 接口继承 MessageSource 接口，所以提供了 messaging 功能（i18n 或者国际化）。当 ApplicationContext 被加载时，它会自动查找在 context 中定义的称为 MessageSource 的 Bean。如果找到了这样的 Bean，所有对 MessageSource 接口方法的调用将会被委托给找到的 MessageSource 对象。

Spring 框架提供了两个 MessageSource 的实现：ResourceBundleMessageSource 和 Static MessageSource。它们都实现了 NestingMessageSource，以便能够嵌套地解析信息。BundleMessage Source 用得更多。下面是使用它的一个例子。

```
<beans>
    <bean id="messageSource"
        class="org.springframework.context.support.ResourceBundleMessageSource">
        <property name="basenames">
            <list>
                <value>format</value>
                <value>exceptions</value>
                <value>windows</value>
            </list>
        </property>
    </bean>
</beans>
```

这段配置假定在类路径(classpath)中有 3 个资源文件：format. properties、exceptions. properties 和 windows.properties。使用 JDK 的 ResourceBundle 解析信息，任何解析信息的请求都可通过这 3 个文件被解析处理。

8.2.6 使用注解配置 Spring IoC

采用 Java 注解配置 Spring IoC 可以极大地减少配置量，有利于加快开发速度。

采用 Java 注解后，可从 XML 配置文件中完全移除对于 Bean 定义的配置。若要定义一个普通的 Spring Bean，则可使用@Component 注解。Spring 框架还提供了其他注解符：@Repository、@Service、@Controller。

使用注解配置 Spring IoC 后，Sping 框架将自动搜索某些路径下的 Java 类，那些标注了@Component、@Repository、@Service、@Controller 的类都将被注册为 Spring Bean。

8.3 Spring AOP

8.3.1 AOP 的基本概念

AOP（Aspect Orient Programming，面向方面编程）也被称为面向切面编程，是面向对象编程的一种补充。两者的区别在于，面向对象编程将程序分解成各层次的对象，而面向切面编程将程序运行过程分解成各切面。AOP 主要用于将日志记录、性能统计、安全控制、事务处理、异常处理等行为代码从业务逻辑中划分出来，使得改变这些行为不会影响到业务逻辑的代码。

Spring 框架提供了丰富的 AOP 支持。应用对象只需要实现它们应该完成的业务逻辑，并不负责其他系统级业务，如日志记录、事务支持等。

下面介绍关于面向切面编程的一些术语。

① 切面（Aspect)：业务流程运行的某个特定步骤，就是运行过程的关注点，关注点可能横切多个对象。

② 连接点(Joint Point)：程序执行过程中明确的点，如方法的调用或异常的抛出。Spring AOP 中，连接点总是方法的调用，Spring 框架并没有显式地使用连接点。

③ 通知（Advice)：AOP 框架在特定的连接点执行的动作。通知有 around、before 和 throws 等类型。

④ 切入点（Pointcut）：系列连接点的集合，确定处理触发的时机。AOP 框架允许开发者自己定义切入点，如使用正则表达式。

⑤ 引入（Introduction）：添加方法或字段到被处理的类。Spring 框架允许引入新的接口到任何被处理的对象。例如，可以使用一个引入，使任何对象实现 IsModified 接口，以此来简化缓存。

⑥ 目标对象（Target Object）：包含连接点的对象。也称为被处理对象或被代理对象。

⑦ AOP 代理（AOP Proxy）：AOP 框架创建的对象，用来实现切面契约（aspect contract）（包括通知方法执行等功能）。

上述术语中，通知（Advice）是 AOP 的一个非常重要元素，它定义某个切入点需要执行的动作，包括以下多种类型。

- 环绕通知（Around Advice）：包围一个连接点的通知，如方法调用。环绕通知在方法调用前后完成自定义的行为，它们负责选择继续执行连接点或通过返回它们自己的返回值或抛出异常来结束执行。
- 前置通知（Before Advice）：在一个连接点之前执行的通知，但这个通知不能阻止连接点前的执行（除非它抛出一个异常）。
- 抛出异常后通知（After returning advice）：在方法抛出异常时执行的通知。Spring 提供强制类型的 Throws 通知，因此程序员可以书写代码捕获感兴趣的异常（和它的子类），不需要从 Throwable 或 Exception 强制类型转换。
- 后置通知（After Advice）：当某连接点退出的时候执行的通知，不论是正常返回还是异常退出。

8.3.2 Spring AOP 实例

下面实现一个 Spring AOP 的具体例子，它将实现一个前置通知和后置通知，即前置通知的代码在被调用的 public 方法开始前被执行，在该方法执行后，再执行后置通知。代码如下。

第一步，按照附录 A 所示，安装 Eclipse，导入 Spring Framework（以 Spring Framework 2.5.6 为例，需要导入 dist 目录下的 spring.jar），导入 commons-logging-1.1.1.jar 用以日志记录（可从 http://commons.apache.org/logging/download_logging.cgi 下载）。

第二步，配置 spring-aop.xml 文件（放置在 src 目录下）：

```
<?xml version="1.0" encoding="UTF-8"?>
<beans xmlns="http://www.springframework.org/schema/beans"
xmlns:xsi="http://www.w3.org/2001/XMLSchema-instance"
xsi:schemaLocation="http://www.springframework.org/schema/beans
http://www.springframework.org/schema/beans/spring-beans-2.0.xsd">
<!--基本配置文件部分-->
<bean id="proxybean" class="org.springframework.aop.framework.ProxyFactoryBean">
  <property name="proxyInterfaces">
    <value>edu.hdu.spring.aop.DinningInterface</value>
  </property>
  <property name="target">
    <ref local="targetbean"/>
  </property>
  <property name="interceptorNames">
      <list>
        <value>beforeadvisor</value>
```

```
            <value>afteradvisor</value>
        </list>
    </property>
</bean>
<!--Bean 类配置部分-->
<bean id="targetbean" class="edu.hdu.spring.aop.DinningInterfaceImpl"></bean>
<!-- Advisor 配置部分-->
<bean id="beforeadvisor"
        class="org.springframework.aop.support.RegexpMethodPointcutAdvisor">
<property name="advice">
        <ref local="beforeadvice"/>
    </property>
    <property name="pattern">
        <value>edu.hdu.spring.aop.DinningInterface.eat</value>
    </property>
</bean>
<bean id="afteradvisor"
        class="org.springframework.aop.support.RegexpMethodPointcutAdvisor">
    <property name="advice">
        <ref local="afteradvice"/>
    </property>
    <property name="pattern">
        <value>edu.hdu.spring.aop.DinningInterface.eat</value>
    </property>
</bean>
<!-- Advice 配置部分-->
<bean id="beforeadvice" class="edu.hdu.spring.aop.Before"></bean>
<bean id="afteradvice" class="edu.hdu.spring.aop.After"></bean>
</beans>
```

首先看配置文件中第一部分："基本配置文件部分"。该部分描述实现了面向切面的部分，这个 Bean 的 ID 可自行定义，装配 Bean 选择的是 class="org.springframework.aop.framework.ProxyFactoryBean"。proxyInterfaces 属性声明被通知的类实现的接口，这里只有一个 Bean 要被通知，如果有多个接口，可以使用 list；target 属性是将目标 Bean 注入；interceptorNames 属性配置了后面定义的两个通知。

"Bean 类配置部分"定义要进行通知的一个类 DinningInterfaceImpl，该类实现了一个自定义的接口 DinningInterface。

"Advisor 配置部分"是将通知 Advice 交给 Spring 框架的一个类——org.springframe- work.aop.support.RegexpMethodPointcutAdvisor，它是一个切点。这个类里面有一个属性 pattern，通过正则表达式，可表示这是要给具体哪个接口里面的哪个方法进行通知。

"Advice 配置部分"定义了前置通知和后置通知。为了方便理解，类名取名为 Before 和 After。其中，Before.java 类需要实现 org.springframework.aop.MethodBeforeAdvice 接口，类 After.java 则要实现 org.springframework.aop.AfterReturningAdvice 接口。

在实现接口同时有接口定义的方法要被实现。Before.java 类里面会有一个 public void before(Method arg0, Object[] arg1, Object arg2) throws Throwable 方法，After.java 类里面有一个

public void afterReturning(Object returnValue, Method method, Object[] args, Object target) throws Throwable 方法，这是必须由开发者定义实现的。

这样，第一个 Spring AOP 的配置实例就完成了。

第三步，编制 AOP 配置实例中的各类。

```
/*Before.java 前置通知*/
package edu.hdu.spring.aop;
import java.lang.reflect.Method;
import org.springframework.aop.MethodBeforeAdvice;
public class Before implements MethodBeforeAdvice {
    public void before(Method arg0, Object[] arg1, Object arg2) throws Throwable {
        System.out.println("点好菜！");
    }
}

/*After.java 后置通知*/
package edu.hdu.spring.aop;
import java.lang.reflect.Method;
import org.springframework.aop.AfterReturningAdvice;
public class After implements AfterReturningAdvice{
    public void afterReturning(Object returnValue, Method method, Object[] args, Object target)
        throws Throwable {
      System.out.println("结账了！");
    }
}

/*DinningInterface.java 接口*/
package edu.hdu.spring.aop;
public interface DinningInterface {
    public void eat();
}

/*DinningInterfaceImpl.java 接口实现类*/
package edu.hdu.spring.aop;
public class DinningInterfaceImpl implements DinningInterface {
    public void eat() {
        System.out.println("开吃啦！");
    }
}

/*MainTest.java 运行测试类*/
package edu.hdu.spring.aop;
import org.springframework.context.ApplicationContext;
import org.springframework.context.support.FileSystemXmlApplicationContext;
public class MainTest {
    public static void main(String[] args) {
        ApplicationContext ac = new FileSystemXmlApplicationContext("src/spring-aop.xml");
```

```
        DinningInterface din = (DinningInterface)ac.getBean("proxybean");
        din.eat();
    }
}
```

运行 MainTest，程序运行结果：

```
点好菜！
开吃啦！
结帐了！
```

自 Spring 2 开始，Spring 增加了使用@AspectJ 注解和基于 Scheme 的两种新的 Spring AOP 配置方法。限于篇幅，这部分内容不展开，有兴趣的读者可以参考 Spring 的官方文档。

8.4　Spring MVC

Spring 框架提供了构建 Web 应用程序的全功能 MVC 模块，主要由 DispatcherServlet、处理器映射、处理器、视图解析器、视图组成。使用 Spring 可插入的 MVC 架构，可以选择是使用内置的 Spring MVC 框架还是 Struts 这样的 Web 框架。通过策略接口，Spring 框架是高度可配置的，可支持多种视图技术，如 JSP、Velocity、Tiles、iText 和 POI。

但是，业界对 Spring MVC 一直褒贬不一。相比 Struts 而言，Spring MVC 与 Servlet API 耦合，难以脱离 Servlet 容器独立运行，降低了 Spring MVC 框架的可扩展性。Spring MVC 太过细化的角色划分，也在一定程度上降低了应用的开发效率。因此，目前大部分开发者倾向于利用 Spring 整合 Struts、Hibernate，而不是单用 Spring MVC。但是 Spring MVC 正体现了 Spring 的设计思想：兼容包蓄，给用户最大的灵活性，绝不限制用户使用某个特定的框架。

8.4.1　Spring MVC 处理流程

Spring MVC 框架围绕 DispatcherServlet 这个核心展开。DispatcherServlet 的作用是截获请求并组织一系列组件共同完成请求的处理工作。与大多数 MVC 框架一样，Spring MVC 通过一个前端 Servlet 处理器接收所有的请求，并将具体工作委托给其他组件进行具体的处理。换句话说，DispatcherServlet 就是 Spring MVC 的前端 Servlet 处理器。

Spring MVC 处理请求的整个过程从客户端发送一个 HTTP 请求开始。其完整的过程包括如下：

（1）DispatcherServlet 接收到这个请求后，将请求的处理工作委托给具体的控制器，后者将负责处理请求并执行相应的业务逻辑。Spring 提供了丰富的控制器类型，在真正处理业务逻辑前，有些控制器会事先执行两项预处理工作：

- 将 HttpServletRequest 请求参数绑定到一个 POJO 对象中。
- 对绑定了请求参数的 POJO 对象进行数据合法性校验。

（2）控制器完成业务逻辑的处理后返回一个 ModelAndView 给 DispatcherServlet，ModelAndView 包含了视图逻辑名和填充视图时需要用到的模型数据对象。

（3）由于 ModelAndView 中包含的是视图逻辑名，ViewResolver 根据逻辑名解析到对应的真实视图对象。

（4）当得到真实的视图对象后，DispatcherServlet 将请求分派给这个视图对象，由其完成 Model 数据的填充工作。

（5）最终客户得到返回的页面。这可能是一个普通的 HTML 页面，或 Excel、PDF 文档。

8.4.2 Spring MVC 配置

要使用 Spring MVC 框架，需要以下配置步骤①：

（1）在 web.xml 中配置 DispatcherServlet 及其 URL 映射。

（2）编写 IoC 容器需要的 XML 配置文件。

（3）在 XML 配置文件中定义如何从 URL 映射至控制器，以及使用哪个视图解析器。

正如在使用 Struts 2 时需要在 web.xml 中配置 FilterDispatcher 一样，在使用 Spring MVC 时也需要配置 web.xml，不同的是，Spring MVC 的核心控制器是 DispatcherServlet。

下面是一个在 web.xml 文件中配置 DispatcherServlet 的示例：

```
<!--配置 Sring MVC 的核心控制器 DispatcherServlet -->
<servlet>
    <servlet-name>dispatcher</servlet-name>
    <servlet-class>org.springframework.web.servlet.DispatcherServlet</
    servlet-class>
</servlet>
<!--为 DispatcherServlet 建立映射 -->
<servlet-mapping>
    <servlet-name>dispatcherServlet</servlet-name>
    <url-pattern>*.do</url-pattern>
</servlet-mapping>
```

Spring 框架的 ApplicationContext 是由 DispatcherServlet 加载的，DispatcherServlet 会在 WEB-INF 目录下查找一个名为<servletName>-servlet.xml 的 XML 配置文件，来初始化 Spring Web 应用程序的 ApplicationContext。对于上例，web.xml 中定义 DispatcherServlet 的名称为 dispatcher，因此，相应的 XML 配置文件就必须是/WEB-INF/dispatcher-servlet.xml。当然，也可以使用另外的配置文件，只要在对应 dispatcher 的<servlet-class>后加<init-param.../>元素，以定义具体的配置文件即可。例如：

```
<!-- 加载 src/spring 目录下的所有 xml 文件 -->
<init-param>
    <param-name>contextConfigLocation </param-name>
    <param-value>/WEB-INF/classes/spring/*.xml</param-value>
</init-param>
```

接下来，编写 dispatcher-servlet.xml 配置文件。

---

① 本节介绍的是 Spring MVC 的传统配置。自 Spring 2.5 起，对于 Spring MVC 的配置也可采用注解（annotation）的形式给出，相关的注解有：@RequestMapping、@RequestParam、@ModelAttribute 等。另外，Spring 3.x 还增加了采用 MVC Java config 和 MVC XML 命名空间两种配置 Spring MVC 的新方式。由于传统的配置方式对于理解 Spring MVC 更有好处，所以本节主要介绍传统的基于配置文件的配置方式，对其他配置方式感兴趣的读者可以查阅相关官方文档。

1．配置控制器映射（HandlerMapping）

控制器映射建立了 URL 与控制器（Controller）之间的对应关系。Spring 提供了几种常用的 HandlerMapping，如 SimpleUrlHandlerMapping、BeanNameUrlHandlerMapping 等。

（1）使用 SimpleUrlHandlerMapping

SimpleUrlHandlerMapping 提供了最简单的 URL 映射，通过 Properties，将 URL 和 Controller 对应起来，配置示例如下：

```
<bean id="simpleUrlHandlerMapping" class="org.springframework.web.servlet.handler.SimpleUrl
HandlerMapping">
    <property name="mappings">
        <props>
            <prop key="/login.do">loginController</prop>
            <prop key="/register.do">registerController</prop>
        </props>
    </property>
</bean>
```

经过上面这种配置，当用户请求一个 login.do 时，Spring 就在 SimpleUrlHandlerMapping 注入的 Properties 中查找 login.do 对应的 Controller，即 loginController。

（2）使用 BeanNameUrlHandlerMapping

使用 BeanNameUrlHandlerMapping 更简单。每个 Controller 的 URL 与其 name 属性对应，因此只需对每个 Controller 以 URL 作为 name，就可以实现 URL 映射。配置示例如下：

```
<bean id="beanNameUrlHandlerMapping" class="org.springframework.web.servlet. handler.Bean
NameUrlHandlerMapping" />
<bean name="/login.do" class="edu.hdu.javaee.LoginController" />
<bean name="/register.do" class="edu.hdu.javaee.RegisterController" />
```

注意，这里用的是 Bean 的 name，而不是 Bean 的 id。当用户请求一个 URL 时，Spring 将直接查找 name 为这个 URL 的 Controller。

（2）配置 ViewResolver

下一步需要为 Spring MVC 指定一个视图解析器（ViewResolver），即声明使用哪种视图技术，以及如何解析 ModelAndView 返回的逻辑视图名称。例如：

```
<bean id="viewResolver" class="org.springframework.web.servlet.view. InternalResourceViewResolver">
  <property name="prefix" value="/" />
  <property name="suffix" value=".jsp" />
</bean>
```

前缀（prefix）和后缀（suffix）将与逻辑视图名称一起组合成为实际视图的路径。例如，对于上例，若返回 new ModelAndView("test", model)，则实际的视图路径由 prefix+逻辑视图名+suffix 三部分来构成 test.jsp。

如果作为实际视图的 JSP 文件使用了 JSTL 标签，则配置视图解析器时还应该定义 viewClass 属性。例如：

```
<bean id="viewResolver" class="org.springframework.web.servlet.view.
    InternalResourceViewResolver">
```

```
    <property name="viewClass" value="org.springframework.web.servlet.view.JstlView" />
    <property name="prefix" value="/" />
    <property name="suffix" value=".jsp" />
</bean>
```

前缀属性使得视图文件可以通过修改前缀来实现位置无关性。许多应用程序将其放在WEB-INF目录下，使得用户无法通过URL直接访问视图文件以保证视图文件的安全。另一方面，后缀属性可以方便、灵活地切换视图技术，如果将来要使用Freemarker取代现在的JSP视图，只需将后缀从“.jsp”更改为“.ftl”即可，而不必更改源代码中的逻辑视图文件名称。

8.4.3 实现 Controller

我们知道，MVC模型中的控制器负责解析用户的输入信息。Spring为开发人员在创建控制器时将有3种选择：处理HTML表单的controller、基于command的controller和向导风格的controller。凡是实现了org.springframework.web.servlet.mvc.Controller接口的Bean都可以作为有效的Controller来处理用户请求。例如，下面是一个最简单的LoginController。

```
public class LoginController implements Controller {
    public ModelAndView handleRequest(HttpServletRequest request,
                                      HttpServlet Response response) throws Exception {
        String name = request.getParameter("name");
        if(name==null)
            name = "spring";
        Map model = new HashMap();
        model.put("name", name);
        model.put("time", new Date());
        return new ModelAndView("test", model);
    }
}
```

注意，ModelAndView返回的逻辑视图是"test"，实际的视图名称由这三部分构成：/test.jsp。

最后，将这个LoginController作为Bean定义在dispatcher-servlet.xml中。由于我们准备使用默认的BeanNameUrlHandlerMapping，因此需要在Bean的name中指定URL，即

```
<bean name="/login.do" class="edu.hdu.javaee.LoginController" />
```

至此，一个完整的dispatcher-servlet.xml配置文件的内容如下：

```
<?xml version="1.0" encoding="UTF-8"?>
<beans xmlns="http://www.springframework.org/schema/beans"
    xmlns:xsi="http://www.w3.org/2001/XMLSchema-instance"
    xmlns:context="http://www.springframework.org/schema/context"
    xmlns:mvc="http://www.springframework.org/schema/mvc"
    xsi:schemaLocation="http://www.springframework.org/schema/mvc
        http://www.springframework.org/schema/mvc/spring-mvc-3.0.xsd
        http://www.springframework.org/schema/beans
        http://www.springframework.org/schema/beans/spring-beans-3.0.xsd
        http://www.springframework.org/schema/context
    http://www.springframework.org/schema/context/spring-context-3.0.xsd">
    <bean id="beanNameUrlHandlerMapping"
```

```
    class="org.springframework.web.servlet. handler.BeanNameHandlerMapping" />
<bean name="/login.do" class="edu.hdu.javaee.LoginController" />
<bean id="viewResolver"
    class="org.springframework.web.servlet.view. InternalResourceViewResolver">
        <property name="viewClass"
                value="org.springframework.web.servlet. view.JstlView" />
        <property name="prefix" value="/" />
        <property name="suffix" value=".jsp" />
    </bean>
</beans>
```

注意：如果未指定 UrlHandlerMapping，Spring 框架会自动使用默认的 BeanName UrlHandlerMapping。

除了用户可以使用自定义的 Controller 之外，Spring 框架还自带了十余种 Controller 类，例如：

- UrlFilenameViewController：从请求 URL 中得到 FileName。
- ParameterizableViewController：根据指定的 View 名称，返回 View。
- ServletForwardingController：将请求转发给某 Servlet。
- SimpleFormController：用于处理表单参数的控制器。
- CommandController: 可将接收的请求参数封装到 POJO。
- FormController：可处理表单提交的 CommandController。
- MultiActionController：可在同一个 Controller 中处理多个请求。

8.4.4 实现 View

到目前为止，我们已经编写了 Controller 的实现和配置文件，最后一步是编写一个 JSP 文件作为视图。由于采用了 MVC 架构，视图的任务只有一个，就是将 Controller 返回的 Model 填充到页面中并显示出来。Spring MVC 会将 Model 中的所有数据全部绑定到 HttpServlet Request 中，然后将其转发给 JSP，JSP 只须将数据显示出来即可。

使用 JSTL 标签库能进一步简化显示逻辑，下面介绍如何显示 LoginController 返回的 Model。test.jsp 文件的内容如下：

```
<%@ page contentType="text/html; charset=utf-8" %>
<%@ taglib prefix="c" uri="http://java.sun.com/jstl/core" %>
<html>
    <head>
        <title>SpringMVC</title>
    </head>
    <body>
        <h3>Hello, <c:out value="${name}" />,
        it is <c:out value="${time}" /></h3>
    </body>
</html>
```

至此，Spring MVC 所需的所有组件都已编写并配置完毕。通过每个部分的讲解，可以看到，Spring MVC 的每个模块分离非常清晰，并且做到了与其他框架灵活整合和切换。

8.4.5　一个完整的 Spring MVC 示例

为了更好地理解 Spring MVC 的运行原理，下面描述一个完整的 Spring MVC 的应用实例（以 Spring Framework 3.x 为例）。

第一步，按照附录 A 所示，构建 Spring MVC 开发环境，包括 Eclipse、Tomcat。

第二步，建立一个名为"SpringDemo"的动态 Web 项目（Dynamic Web Project），在创建过程中需要勾选"Generate web.xml deployment descriptor"选项。在创建的 Web 项目的 lib 目录下引入（单击右键并选择 Import-General-File System）Spring 的 JAR 包（如为 Spring Framework 3.x，则相关 JAR 包存放在下载的 Spring 的 dist 子目录中），同时引入 commons-logging-1.1.1.jar，用于日志记录（可从 http://commons.apache.org/logging/download_logging.cgi 下载）。

第三步，配置 web.xml 文件：

```
<?xml version="1.0" encoding="UTF-8"?>
<web-app xmlns:xsi="http://www.w3.org/2001/XMLSchema-instance"
xmlns="http://java.sun.com/xml/ns/javaee"
xmlns:web="http://java.sun.com/xml/ns/javaee/web-app_2_5.xsd"
xsi:schemaLocation="http://java.sun.com/xml/ns/javaee
http://java.sun.com/xml/ns/javaee/web-app_3_0.xsd" id="WebApp_ID" version="3.0">
  <display-name>SpringDemo</display-name>
    <servlet>
        <servlet-name>springMVC</servlet-name>
        <servlet-class>org.springframework.web.servlet.DispatcherServlet</servlet-class>
        <load-on-startup>1</load-on-startup>
    </servlet>
    <servlet-mapping>
        <servlet-name>springMVC</servlet-name>
        <url-pattern>*.do</url-pattern>
    </servlet-mapping>
</web-app>
```

第四步，编写控制类 UserController.java。该类继承 AbstractCommandController 抽象类，代码如下：

```
package edu.hdu.spring.controller;
import javax.servlet.http.HttpServletRequest;
import javax.servlet.http.HttpServletResponse;
import org.springframework.validation.BindException;
import org.springframework.web.servlet.ModelAndView;
import org.springframework.web.servlet.mvc.AbstractCommandController;
public class UserController extends AbstractCommandController {
    protected ModelAndView handle(HttpServletRequest request,
            HttpServletResponse response, Object command, BindException be)
            throws Exception {
        User user = (User)command;                //自动封装的 User 对象
        System.out.println(user);
        //根据 springMVC-servlet.xml 配置，视图跳转将转义成 success.jsp
        return new ModelAndView("success");
    }
}
```

第五步，编写 User.java 文件。User 类包含 id、name、cardID 属性，以及这些属性的 getter()和 setter()方法。代码如下：

```
package edu.hdu.spring.controller;
public class User {
	private int id;
	private String name;
	private String cardID;
	public int getId() {
		return id;
	}
	public void setId(int id) {
		this.id = id;
	}
	public String getName() {
		return name;
	}
	public void setName(String name) {
		this.name = name;
	}
	public String getCardID() {
		return cardID;
	}
	public void setCardID(String cardID) {
		this.cardID = cardID;
	}
	public String toString() {
		return "[ name =" + name + ", carID = " + cardID + ", id = " + id +   " ]";
	}
}
```

第六步，编写登录页面。在 WebContent 目录下创建 login.jsp 文件，代码如下：

```
<%@ page language="java"
contentType="text/html; charset=utf-8" pageEncoding="utf-8"%>
<!DOCTYPE html PUBLIC "-//W3C//DTD HTML 4.01 Transitional//EN"
"http://www.w3.org/TR/html4/loose.dtd">
<html>
  <head>
    <meta http-equiv="Content-Type" content="text/html; charset=utf-8">
    <title>Spring MVC Demo 登录</title>
  </head>
<body>
  <h3>Spring MVC Demo 用户登录</h3>
  <form action="user.do" method="post">
    <table>
      <tr><td>ID：</td><td><input type="text" name="id" /></td></tr>
      <tr><td>Name：</td><td><input type="text" name="name" /></td></tr>
      <tr><td>CardID：</td><td><input type="text" name="cardID" /></td></tr>
      <tr><td><input type="submit" value="submit"/></td>
```

```
            <td align="center"><input type="reset" value="reset"/></td></tr>
        </table>
    </form>
</body>
</html>
```

第七步，在 WEB-INF/jsp 目录下创建一个 success.jsp 文件，为简单起见，仅说明页面跳转成功。代码如下：

```
<%@ page language="java"
contentType="text/html; charset=utf-8" pageEncoding="utf-8"%>
<!DOCTYPE html PUBLIC "-//W3C//DTD HTML 4.01 Transitional//EN"
"http://www.w3.org/TR/html4/loose.dtd">
<html>
  <head>
    <meta http-equiv="Content-Type" content="text/html; charset=utf-8">
    <title>Spring MVC Demo 登录成功</title>
  </head>
  <body>
    <br>
      恭喜你，你已登录成功!
  </body>
</html>
```

第八步，在 WEB-INF 目录下创建 Spring 配置文件 springMVC-servlet.xml，代码如下：

```
<?xml version="1.0" encoding="UTF-8"?>
<beans xmlns="http://www.springframework.org/schema/beans"
     xmlns:xsi="http://www.w3.org/2001/XMLSchema-instance"
     xmlns:context="http://www.springframework.org/schema/context"
     xmlns:mvc="http://www.springframework.org/schema/mvc"
     xsi:schemaLocation="http://www.springframework.org/schema/mvc
          http://www.springframework.org/schema/mvc/spring-mvc-3.0.xsd
          http://www.springframework.org/schema/beans
          http://www.springframework.org/schema/beans/spring-beans-3.0.xsd
          http://www.springframework.org/schema/context
     http://www.springframework.org/schema/context/spring-context-3.0.xsd">
     <bean class="org.springframework.web.servlet.handler.SimpleUrlHandlerMapping">
          <property name="mappings">
               <props>
                    <prop key="/user.do">userController</prop>
               </props>
          </property>
     </bean>
     <bean id="userController" class="edu.hdu.spring.controller.UserController">
          <property name="commandClass" value="edu.hdu.spring.controller.User" />
     </bean>
     <bean class="org.springframework.web.servlet.view.InternalResourceViewResolver">
               <property name="prefix" value="/WEB-INF/jsp/" />
               <property name="suffix" value=".jsp" />
     </bean>
</beans>
```

最后，启动 Eclipse 中配置好的 Tomcat，然后在浏览器地址栏中输入“http://localhost:8080/SpringDemo/login.jsp”。运行后，效果图如 8-2 所示。

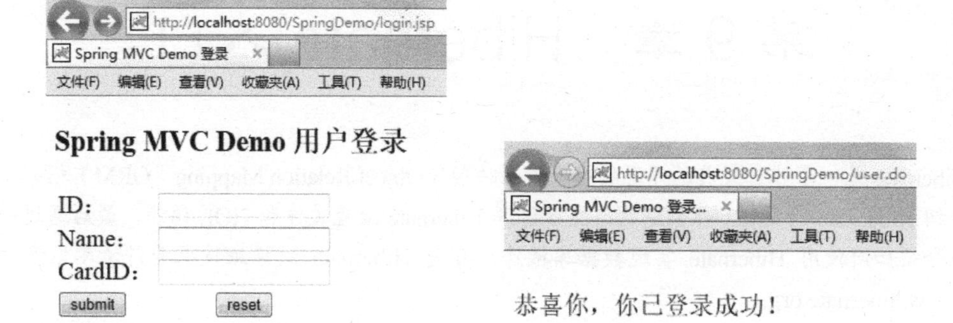

图 8-2　Spring MVC Demo 运行效果图

8.5　思考练习题

1．IoC 带来的最大好处是什么？IoC 有哪几种实现方式？
2．如何配置 Spring Bean？
3．简述 AOP 的主要思想和 Spring AOP 实现过程。AOP 与 OOP 的区别是什么？
4．Spring MVC 的处理流程中涉及哪些关键类？其各自的作用是什么？

第 9 章 Hibernate 入门

Hibernate 是一个非常经典的开源的对象关系映射（Object/Relation Mapping，ORM）框架。本章首先介绍 Hibernate 的原理和体系结构，然后讲解 Hibernate 配置文件和 HQL 语法，最后通过一个应用实例介绍如何使用 Hibernate 实现数据库操作。有关 Hibernate 的详细技术资料请参见官方网站 http://www.hibernate.org。

9.1 Hibernate 概述

在早期，大量 Java 程序都是通过 JDBC（Java DataBase Connectivity）来访问关系型数据库的，这种方式严重制约了代码开发效率。直到 Java 业界出现像 Hibernate 这种 ORM 框架，问题才有所改观。

Hibernate 是一个非常经典的开源 ORM 框架，对 JDBC 进行了轻量级的对象封装，使得开发人员可以随心所欲地使用面向对象的思维来操纵数据库。Hibernate 不仅提供了从 Java 类到数据库表之间的映射，还提供了数据查询和恢复机制。相比于单纯使用 JDBC 操作数据库，Hibernate 可以大大减少程序中用于数据库访问的代码。开发人员还可以按照 Java 对象的结构访问或操作数据库，使用 Hibernate 所提供的查询语言（HQL）完成 Java 对象和关系型数据库之间的转换和操作。

9.1.1 数据持久化与 ORM

要理解 Hibernate 的作用及特点，我们需要先理解两个术语：数据持久化和对象关系映射。

狭义的数据持久化是指把内存中的数据永久保存到数据库中，广义的数据持久化包括对数据库各种操作，如数据保存、更新、删除、查询、加载。数据持久化负责封装数据的访问操作，为业务逻辑提供面向对象的数据操作接口。数据持久层（Persistence Layer）是专注于实现数据持久化应用领域的某个系统的一个逻辑层面，使得上层业务逻辑与底层数据库松散耦合。当底层数据库需要变更时，上层业务逻辑不需要改动，只需要修改数据持久层的配置信息即可。

对象关系映射（ORM）是一种数据持久化技术，其思想是把对象模型（如 JavaBean 对象）与关系数据库的表建立映射关系，开发人员可以把对数据库的操作转化为对 JavaBean 对象的操作，从而不需要再使用 SQL 语句操作数据库中的表，代之以直接操作 JavaBean 对象，就可以实现数据的存储、查询、更改和删除等操作。在 ORM 中，对象与表的映射关系如表 9-1 所示。

表 9-1 ORM 中的对象与表的映射关系

面向对象概念	面向关系表概念
类	表
对象	表中的行（记录）
属性	表中的列（字段）

9.1.2 Hibernate 体系结构

Hibernate 作为一个提供数据库操作服务的中间件框架，它的体系结构如图 9-1 所示。

图 9-1 中，Application 表示用户定义的非 JavaBean 组件的一些 Java 类，如 Servlet。Persistent Objects 表示开发人员建立的持久化对象。XML Mapping 表示关系型数据库的表到持久化对象之间的映射关系，这种关系主要通过名为“***.hbm.xml”的文件去定义。hibernate.properties 文件定义了 Hibernate 需要用到的一些配置属性。

图 9-1 Hibernate 体系结构图

使用 Hibernate 访问数据库，包括以下几个步骤：

（1）编写持久化类，类中属性对应于数据库中的表字段，并在映射配置文件***.hbm.xml 中配置类与表、类属性与表字段的映射关系。

（2）配置 Hibernate 的数据库连接配置文件（*.cfg.xml 或*.properties）。

（3）实例化 Configuration 对象，Configuration 对象会自动读取配置文件的内容，并建立好表与持久化类之间的映射关系。

（4）根据读取得到的配置文件内容，Configuration 对象建立 SessionFactory 实例，并通过 SessionFactory 实例创建 Session 对象。

（5）创建 Session 之后，调用 Session 的 beginTransaction()方法，表示开始执行一个事务，并得到一个 Transaction 实例，这时就可以对数据库进行更新或删除等操作了。简单的操作都可以通过 Hibernate 封装好的 Session 内置方法来实现，不再需要编辑 SQL 语句，而是通过面向对象的方式，直接操作持久化对象从而访问数据库。

（6）Transaction 实例调用 commit()方法，提交事务，然后关闭 Session。

下面给出一个利用 Hibernate 访问数据库简单示例的 Java 代码。

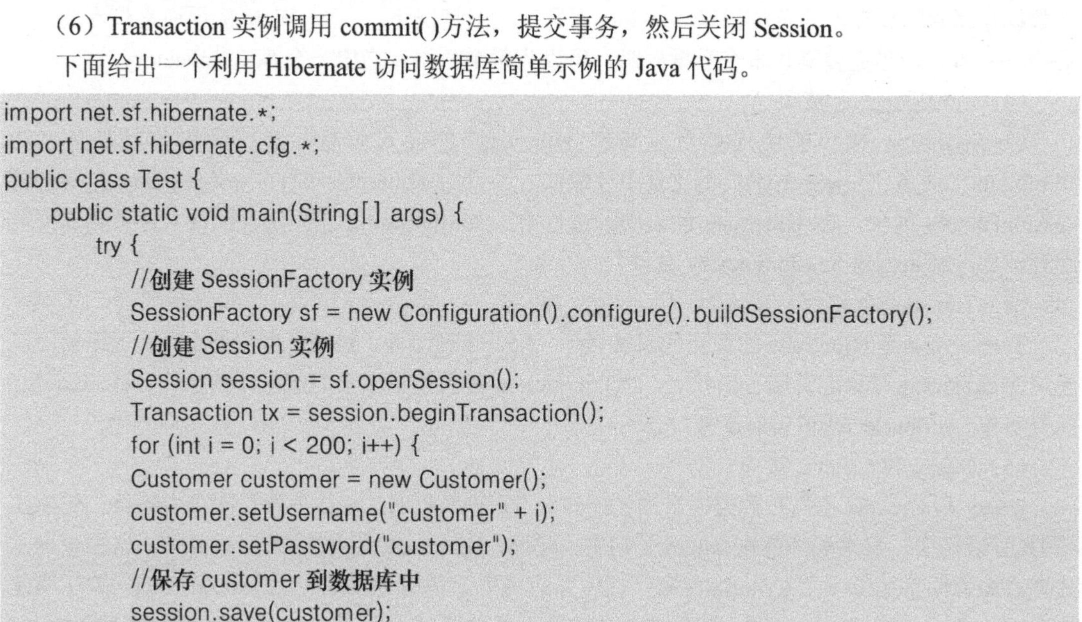

```
import net.sf.hibernate.*;
import net.sf.hibernate.cfg.*;
public class Test {
    public static void main(String[] args) {
        try {
            //创建 SessionFactory 实例
            SessionFactory sf = new Configuration().configure().buildSessionFactory();
            //创建 Session 实例
            Session session = sf.openSession();
            Transaction tx = session.beginTransaction();
            for (int i = 0; i < 200; i++) {
            Customer customer = new Customer();
            customer.setUsername("customer" + i);
            customer.setPassword("customer");
            //保存 customer 到数据库中
            session.save(customer);
        }
        tx.commit();                    //提交事务
```

```
            session.close();                //关闭 Session
        } catch (HibernateException e) {
            e.printStackTrace();
        }
    }
}
```

执行上面的代码之后，可以发现，数据库中的相关表已经插入了200条客户记录，其中客户姓名为“customer”加序号，密码为“customer”。从上面的代码中可以看出，利用Hibernate访问数据库，不再需要编写SQL语句，而是通过面向对象的方式直接操作对象，从而达到访问数据库的目的。

9.1.3 核心接口简介

Hibernate 的核心接口有 5 个：Session，SessionFactory，Configuration，Transaction，Query/Criteria。通过这些接口，不仅可以对持久化对象进行存取，还能够进行事务控制。下面介绍这5个核心接口。

（1）Session 接口

Session 接口负责执行持久化对象的各类操作，常用的方法有 get()、save()、close()等。值得注意的是，Hibernate 的 Session 不同于 JSP 应用中的 HttpSession，后者表示一个用户会话。另外，Session 对象并非线程安全，也就是说，如果有多个线程同时使用一个 Session 实例访问数据库的话，则容易导致 Session 数据存储逻辑的混乱。因此，创建的 Session 实例需要总是与当前的线程相关的。而且在创建 Session 实例后，不论是否执行事务，最后都需要关闭 Session 实例，从而释放 Session 实例占用的资源。

（2）SessionFactory 接口

SessionFactory 由 Configuration 根据配置信息构建而来，该接口负责初始化 Hibernate。它充当数据存储源的代理，并负责创建 Session 对象。一般情况下，一个 Web 应用通常只需要一个 SessionFactory，当需要操作多个数据库时，可以为每个数据库指定一个 SessionFactory。

（3）Configuration 接口

Configuration 接口的实现类负责管理 Hibernate 的配置信息。这些配置信息是从名为“*.cfg.xml”或者“*.properties”的文件中读取的。当启动 Hibernate 时，Configuration 负责创建 SessionFactory 对象。在 Hibernate 的启动的过程中，Configuration 首先定位配置文件位置、读取配置信息，然后创建 SessionFactory 对象。

（4）Transaction 接口

Transaction 是 Hibernate 的数据库事务接口，用于管理事务，封装了底层的事务，程序员可以使用 Transaction 对象定义原子操作。一个 Transaction 对象包括多个对数据库的操作，如 commit( ) 提交事务，rollback( )回滚当前事务。

（5）Query 和 Criteria 接口

Query 和 Criteria 是执行数据库查询的接口。当查询数据时，往往需要设置查询条件。在 SQL 或 HQL 语句中，查询条件放在 where 子句中。此外，Hibernate 还支持 Criteria 查询，这种查询方式把查询条件封装为一个 Criteria 对象。在实际应用中，使用 Session 的 createCriteria( )方法构建一个 org.hibernate.criteria 实例，然后把具体的查询条件通过 Criteria 的 add( )方法加入到 Criteria 实例中。

9.2 编写持久化类

从图 9-1 中可以看出，Hibernate 的主要组成部分是持久化类和配置文件。本节先介绍如何编写持久化类。

每个持久化类对应一个数据库表，这样就可以通过对这些对象的操作来实现对数据库的操作。持久化类的编写要注意以下 3 个规则：

① 持久化类必须有一个不带参数的构造函数，这是因为在 Hibernate 中需要调用持久化类的 Constructor.newInstance( )方法。

② 有一个识别属性，用于映射数据库表的主键。属性的名称无特殊要求，可以与主键相同或不同，但属性类型必须是原始类型，如 int、long 等。

③ 将属性设为私有，并对每个属性声明 public 的 get( )、set( )方法。

例如，数据库中有 Product 表，其表结构如表 9-2 所示。

表 9-2 Product 表的结构

字段类型	int	int	varchar	double
字段名称	id	sortId	name	price

下面给出相应的 Product.java，代码如下：

```
public class Product {
    private int id;              //对应 product 表的 id 字段
    private int sortid;          //对应 product 表的 sortId 字段
    private String name;         //对应 product 表的 name 字段
    private double price;        //对应 product 表的 price 字段
    //下面为各属性对应的 get()和 set()方法
    public int getId() {
        return id;
    }
    public void setId(int id) {
        this.id = id;
    }
    public double getPrice() {
        return price;
    }
    public void setPrice(double price) {
        this.price = price;
    }
    public int getSortid() {
        return sortid;
    }
    public void setSortid(int sortid) {
        this.sortid = sortid;
    }
    public String getName() {
        return name;
    }
```

```
    public void setName(String name) {
        this.name = name;
    }
}
```

可以看出，每一属性都对应于 product 表的一个字段，并且每个属性都有一个 get 和 set 方法。

9.3 Hibernate 配置文件

本节主要讲解如何设定 Hibernate 配置文件。

Hibernate 在实现 ORM 功能时，主要的配置文件有两个：数据库配置文件（*.properties 或 *.cfg.xml）和映射文件（*.hbm.xml），它们各自的作用如下：

① 数据库配置文件：指定与数据库连接时需要的连接信息，如数据库连接地址、登录用户名、登录密码、连接字符串等。

② 映射文件：指定数据库表和映射类之间的关系，包括映射类和数据库表的对应关系、表字段和类属性类型的对应关系，以及表字段和类属性名称的对应关系等。

9.3.1 数据库配置文件

数据库配置文件用来指定连接数据库的信息，可以是一个 properties 属性文件，也可以是.cfg.xml 文件。

在 hibernate.properties 中，可以设置如表 9-3 所示的属性。

表 9-3 Properties 的属性及其用途

属 性 名	用 途
hibernate.connection.driver_class	设置数据库驱动类
hibernate.connection.url	设置数据库 URL 路径
hibernate.connection.username	设置数据库用户账号
hibernate.connection.password	设置数据库用户密码
hibernate.connection.pool_size	设置连接池容量上限数
hibernate.show_sql	设置 SQL 语句是否显示在控制台（true 或 false）
hibernate.dialect	设置连接数据库方言

下面给出一个连接 MySQL 的 hibernate.properties 配置示例：

```
hibernate.connection.driver_class = com.mysql.jdbc.Driver
hibernate.connection.url = jdbc:mysql://localhost/hibernate
hibernate.connection.username = admin
hibernate.connection.password = 123456
hibernate.connection.pool_size = 200
hibernate.dialect = org.hibernate.dialect.MySQLDialect
```

由于 Hibernate 自带的连接池算法不够成熟，出于性能和稳定性考虑，通常会使用官方推荐使用的第三方连接池 C3P0。要使用 C3P0，只需要用特定连接池的设置替换 hibernate.connection.pool_size 即可。例如：

```
hibernate.connection.driver_class = com.mysql.jdbc.Driver
hibernate.connection.url = jdbc:mysql://localhost:3306/hibernate
```

```
hibernate.connection.username = admin
hibernate.connection.password = 123456
hibernate.c3p0.min_size=5
hibernate.c3p0.max_size=20
hibernate.c3p0.timeout=1800
hibernate.c3p0.max_statements=50
hibernate.show_sql=true
hibernate.dialect = org.hibernate.dialect.MySQLDialect
```

注意：如果设置了 hibernate.c3p0.*相关的属性，Hibernate 将关闭自带的连接池，而使用 C3P0ConnectionProvider 来缓存 JDBC 连接。

hibernate.properties 与 hibernate.cfg.xml 的作用是等价的，只不过是文件格式不同。上述 hibernate.properties 配置文件同样能用 hibernate.cfg.xml 来表示。

```
<?xml version='1.0' encoding='UTF-8'?>
<!DOCTYPE hibernate-configuration
    PUBLIC "-//Hibernate/Hibernate Configuration DTD//EN"
        "http://hibernate.sourceforge.net/hibernate-configuration-3.0.dtd">
<hibernate-configuration>
<session-factory >
    <!—设定 JDBC 驱动程序-->
    <property name="connection.driver_class">com.mysql.jdbc.Driver</property>
    <!--设定连接数据库的 URL-->
    <property name="connection.url">
        jdbc:mysql://localhost:3306/hibernate
    </property>
    <property name="connection.useUnicode">true</property>
    <property name="connection.characterEncoding">UTF-8</property>
    <!—设定连接的登录名-->
    <property name="connection.username">admin</property>
    <!--设定登录密码-->
    <property name="connection.password">123456</property>
    <!--设定 C3P0 连接池设定-->
    <property name="hibernate.connection.provider_class">org.hibernate.connection.C3P0ConnectionProvider
    </property>
    <property name="hibernate.c3p0.min_size">5</property>
    <property name="hibernate.c3p0.max_size">20</property>
    <property name="hibernate.c3p0.timeout">1800</property>
    <property name="hibernate.c3p0.max_statements">50</property>
    <!--设定是否将运行期生成的 SQL 输出到日志以供调试-->
    <property name="show_sql">true</property>
    <!--设定指定连接的语言-->
    <property name="dialect">org.hibernate.dialect.MySQLDialect</property>
</session-factory>
</hibernate-configuration>
```

9.3.2 ORM 映射文件

ORM 映射文件定义了数据库中的表与持久化类之间的对应关系。下面从一个映射的例子开始讲解如何定义映射关系。

```
<?xml version="1.0"?>
<!DOCTYPE hibernate-mapping PUBLIC
  "-//Hibernate/Hibernate Mapping DTD 3.0//EN"
  "http://hibernate.sourceforge.net/hibernate-mapping-3.0.dtd">
<hibernate-mapping schema="schemaName" default-cascade="none"
                    auto-import="true" package="test">
<!-- 用 class 元素来定义一个持久化类 -->
<class name="People" table="person">
  <!-- id 元素定义了属性到数据库表主键字段的映射-->
  <id name="id">
  <!-- 用来为该持久化类的实例生成唯一的标识-->
  <generator class="native"/>
  </id>
  <!-- discriminator 识别器是一种定义继承关系的映射方法-->
  <discriminator column="subclass" type="character"/>
  <!-- property 元素为类声明了一个持久化的、JavaBean 风格的属性-->
  <property name="name" type="string">
     <column name="name" length="64" not-null="true" />
  </property>
  <property name="sex" not-null="true" update="false"/>
  <!-- 多对一映射关系-->
  <many-to-one name="friend" column="friend_id" update="false"/>
  <!-- 设置关联关系-->
  <set name="friends" inverse="true" order-by="id">
     <key column="friend_id"/>
     <!--一对多映射-->
     <one-to-many class="Cat"/>
  </set>
</class>
</hibernate-mapping>
```

映射文件的根元素是<hibernate-mapping…/>，该元素可以指定如下可选属性。

① schema：设置数据库 schema 的名称。

② catalog：设置数据库 catalog 的名称。

③ default-cascade：设置默认的级联风格，默认值为 none。

④ auto-import：指定是否可以在查询语言中使用非全限定的类名（仅限于该映射文件中的类）。

⑤ package：指定一个包前缀，如果在映射文档中没有指定全限定的类名，就使用这个作为包名。

<hibernate-mapping…/>元素可以包含多个<class.../>子元素，每个<class.../>子元素用于定义一个持久化类的映射。<class.../>元素的 name 属性指定持久化类的类名，table 属性指定持久化类映射的表名。<id>元素定义了该属性到表的主键字段的映射，其中 name 标识属性的名字，column 标识主键字段的名字。如果 name 与 column 的值一样，则可以省略 column，因为 column 默认值为属性名。

<generator.../>元素可以是一个 Java 类的名字，用来为该持久化类的实例生成唯一的标识，class 属性定义了自定义生成器的类路径。所有的生成器都实现 org.hibernate.id.IdentifierGenerator 接口。Hibernate 提供了很多内置的实现。例如：

① identity：对 MySQL、MS SQL Server、Sybase 和 HypersonicSQL 的内置自增长标识字段提供支持。返回的标识符是 long、short 或者 int 类型。

② sequence：对于 PostgreSQL、Oracle、SAP DB、McKoi 使用自增长序列（sequence），而对于 Interbase 则使用生成器。返回的标识符是 long、short 或者 int 类型。

③ hilo：使用一个高/低位算法生成 long、short 或者 int 类型的标识符。

④ native：根据底层数据库的不同选择 identity、sequence 或者 hilo 中的一个，推荐使用 native，因为它适用于任何数据库的主键生成。

<discriminator…/>元素定义了表的鉴别器字段。鉴别器字段包含标志值，用于告知应该为某个特定的行创建哪一个子类的实例。column 指定鉴别器字段的名字，type 指定一个 Hibernate 字段类型的名字，默认为 string。

<property…/>元素为类定义一个持久化的属性，并为该属性生成相应的 get( )与 set( )方法。<property…/>元素中的<column.../>元素指定属性如何映射到数据库表的字段。

<many-to-one…/>元素定义了与另一个持久化类的关联。这种关系模型是多对一关联，即这个表的一个外键引用目标表的主键字段。类似地，<one-to-one…/>元素定义持久化对象之间一对一的关联关系，<one-to-many…/>元素定义持久化对象之间一对多的关联关系。

<set…/>元素是一种集合映射，用来映射 Set 类型的属性，除了<set…/>，还有<list…/>、<map…/>、<bag…/>、<array…/>和<primitive-array…/>映射元素。

9.4 HQL 语法

Hibernate 配备了一种非常强大的查询语言，名为 HQL（Hibernate Query Language）。HQL 被有意设计成类似于 SQL，这种设计是为了方便开发人员利用已有的 SQL 知识，降低使用 HQL 的难度。不仅如此，HQL 支持常用的 SQL 特性，这些特性被封装成面向对象的查询语言，从某种意义上说，由于 HQL 是面向对象的，它可以支持如继承、多态和关联等概念。

下面通过简单例子来讲解 HQL 的语法。

（1）查询数据库中所有实例

要得到数据库中所有实例，HQL 写为“from 对象名”即可，不需要 select 子句，也不需要 where 子句。例如：

```
Query query=session.createQuery("from User");
List<User> users = (List<User>)query.list();
    for (User user:users) {
         System.out.println(user);
    }
```

（2）限制返回的实例数

设置查询的 maxResults 属性可限制返回的实例（记录）数，其作用类似于 SQL 的 limit 关键字。例如：

```
Query query=session.createQuery("from User order by name");
query.setMaxResults(5);
List<User> users=(List<User>)query.list();
System.out.println("返回的 User 实例数为"+users.size());
```

（3）分页查询

分页查询是 Web 开发的常见问题。在 Hibernate 中，分页问题可以通过设置 firstResult 和 maxResult 加以解决，firstResult 表示当前页的首记录，作用类似于 SQL 语句中的 offset，而 maxResults 表示每页显示的行数，也就是分页的大小。例如：

```
Query query=session.createQuery("from User order by name");
query.setFirstResult(10);
query.setMaxResults(5);
List<User> users=(List<User>)query.list();
System.out.println("返回的 User 实例数为"+users.size());
```

（4）条件查询

条件查询只要增加 where 条件即可。例如，如要查询所有姓“张”的用户列表，代码如下：

```
String prefix ="张";
Query query=session.createQuery("from User where name like'"+prefix+"%'");
List<User> users=(List<User>)query.list();
System.out.println("返回的 User 实例数为"+users.size());
```

（5）位置参数条件查询

HQL 中也可以为 SQL 设定参数。例如，想查询姓名为“张三”的用户，代码如下：

```
String prefix ="张三";
Session session=HibernateUtil.getSession();
Query query=session.createQuery("from User where name=?");
query.setParameter(0, prefix);
List<User> users=(List<User>)query.list();
System.out.println("返回的 User 实例数为"+users.size());
for(User user:users) {
    System.out.println(user);
}
```

其中，query.setParameter(0,prefix)将 prefix 的内容替换 query 中的第一个“?”。注意，参数的顺序编号下标是从 0 开始，这与 JDBC 中 PreparedStatement 从 1 开始是不同的。

（6）命名参数条件查询

使用位置参数条件查询最大的不便在于下标与“?”位置的对应关系的设置，如果参数较多，容易导致错误。这时采用命名参数条件查询更好。使用命名参数时无须知道每个参数的索引位置，这样就可以节省填充查询参数的时间。如果有一个命名参数出现多次，将会在每个地方都设置它。例如：

```
Query query=session.createQuery("from User where name=:name");
query.setParameter("name", "李白");
List<User> users=(List<User>)query.list();
for(User user:users) {
   System.out.println(user);
}
```

9.5 Hibernate 应用实例

Hibernate 用法非常简单。首先下载 Hibernate 的压缩包，解压后有一个 hibernate.jar 文件，这个文件是 Hibernate 的核心类库，将它复制到 WEB-INF/lib 路径下。经过这些步骤之后，就可以使用 Hibernate 了。

为了更好地理解 Hibernate 的运行原理，下面描述一个 Hibernate 的应用实例。该实例通过 Blog（日志）对象，展示了如何利用 Hibernate，实现对数据库表 BLOG 的操作，包括查找、增加、删除、更新等。

第一步，在数据库上创建一个表 BLOG，其表结构如表 9-4 所示。

表 9-4 表 BLOG 的字段

字段名称	Id	Title	CONTENT	TIME
字段类型	int(11)	varchar(400)	text	datetime

第二步，编写 Blog.java 类，这个类对应了数据库中的表 BLOG。

```
package edu.hdu.javaee.hibernate;
import java.util.Date;
public class Blog {
    private int id;
    private String title;
    private String content;
    private Date date;
    //省略各属性相应 getters，setters
    ……
    }
```

第三步，配置对应关系保存为 blog.hbm.xml 文件，须与 Blog 类在同一目录下。

```
<?xml version="1.0"?>
<!DOCTYPE hibernate-mapping PUBLIC
            "-//Hibernate/Hibernate Mapping DTD 3.0//EN"
            "http://hibernate.sourceforge.net/hibernate-mapping-3.0.dtd">
<hibernate-mapping>
    <!--建立类、表之间的映射-->
    <class name="edu.hdu.javaee.hibernate.Blog" table="BLOG">
    <!—建立类属性与表的字段之间的映射-->
    <id name="id" column="id">
      <generator class="native" />
    </id>
    <property name="title" type="string" column="Title"/>
    <property name="content" type="string" column="CONTENT"/>
    <property name="date" type="timestamp" column="TIME"/>
    </class>
</hibernate-mapping>
```

第四步，配置 hibernate.cfg.xml。注意：这个名字不能改，并且要放到 src 路径下。

```
<?xml version="1.0" encoding="utf-8" ?>
<!DOCTYPE hibernate-configuration PUBLIC
```

```
        "-//Hibernate/Hibernate Configuration DTD 3.0//EN"
"http://hibernate.sourceforge.net/hibernate-configuration-3.0.dtd">
<hibernate-configuration>
<session-factory>
    <!-- Database connection settings -->
    <property name="connection.driver_class">com.mysql.jdbc.Driver</property>
    <property name="connection.url">jdbc:mysql://localhost/test1</property>
    <property name="connection.username">admin</property>
    <property name="connection.password">123</property>
    <!-- JDBC connection pool (use the built-in) -->
    <property name="connection.pool_size">1</property>
    <!-- SQL dialect -->
    <property name="dialect">org.hibernate.dialect.MySQLDialect</property>
    <!-- Enable Hibernate's automatic session context management -->
    <property name="current_session_context_class">thread</property>
    <!-- Disable the second-level cache  -->
    <property name="cache.provider_class">org.hibernate.cache.NoCacheProvider</property>
    <!-- Echo all executed SQL to stdout -->
    <property name="show_sql">true</property>
    <!-- Drop and re-create the database schema on startup -->
    <property name="hbm2ddl.auto">update</property>
    <mapping resource="edu/hdu/javaee/hibernate/blog.hbm.xml"/>
</session-factory>
</hibernate-configuration>
```

最后，创建一个测试类 Test.java。具体代码如下：

```
package edu.hdu.javaee.hibernate;
import java.util.List;
import org.hibernate.HibernateException;
import org.hibernate.SessionFactory;
import org.hibernate.cfg.Configuration;
import org.hibernate.classic.Session;

public class Test {
    private static final SessionFactory sessionFactory;
    static {
        try {
            // 创建 SessionFactory，自动在 src 路径下寻找 hibernate.cfg.xml
            sessionFactory = new Configuration().configure().buildSessionFactory();
        }
        catch (Throwable ex) {
            System.err.println("Initial SessionFactory creation failed." + ex);
            throw new ExceptionInInitializerError(ex);
        }
    }

    public static SessionFactory getSessionFactory() {
        return sessionFactory;
    }
```

```
public static void main(String[] args) {
    Blog blog = new Blog();
    blog.setTitle("这里是日志标题");
    blog.setContent("这里是日志内容");
    blog.setDate(new Date());
    Test t = new Test();
    Session session =Test.getSessionFactory().getCurrentSession();
    session.beginTransaction();
    t.save(session, blog);
    t.select(session);
    t.update(session, blog.getId());
    t.select(session);
    t.delete(session,blog.getId());
    t.select(session):
    session.getTransaction().commit();
}

public void save(Session session, Blog blog) {
    try {
        session.save(blog);
    }
    catch (HibernateException e) {
        e.printStackTrace();
    }
}

public void select(Session session) {
    try {
        String sql = "from Blog";
        List l = session.createQuery(sql).list();
        for (Blog b : l) {
            System.out.println(b.getId());
            System.out.println(b.getTitle());
            System.out.println(b.getContent());
            System.out.println(b.getDate());
        }
    }
    catch (HibernateException e) {
        e.printStackTrace();
    }
}

public void update(Session session, Integer id) {
    try {
        Blog b = (Blog) session.load(Blog.class, id);
        b.setTitle("更新后标题");
        session.update(b);
    }
    catch (HibernateException e) {
        e.printStackTrace();
```

```
        }
    }

    public void delete(Session session, Integer id) {
        try {
            Blog b = (Blog) session.load(Blog.class, id);
            session.delete(b);
        }
        catch (HibernateException e) {
            e.printStackTrace();
        }
    }
}
```

9.6 思考练习题

1．什么是 ORM？与传统的数据库操作接口 JDBC 相比，Hibernate 的优势是什么？

2．Hibernate 涉及哪些核心接口？使用 Hibernate 访问数据库包括哪几个步骤？

3．如何配置 Hibernate 映射文件？

4．简述 HQL 和 SQL 若干个相似之处，同时两者之间又有什么区别。

附录 A　开发环境配置和使用

本附录介绍如何配置和使用 Java EE Web 开发过程中涉及的各种基础平台软件和工具软件，包括 Apache、JDK、Eclipse、MySQL 和 Tomcat。

A.1　Apache HTTP 服务器安装

Apache HTTP 服务器软件可从 http://httpd.apache.org/download.cgi 下载。下载后，按要求完成安装。在默认配置下，Apache HTTP 服务器的 HTTP 侦听端口号为 80，可通过修改配置文件 httpd.conf 改变 HTTP 端口。安装后启动 Apache，在本机浏览器中输入“http://localhost”，如显示“It works!”界面，则表明安装成功。

A.2　JDK 安装

JDK 可从 Oracle 官方网站下载：http://www.oracle.com/technetwork/java/index.html。下载后，按提示安装即可。本附录以 Java SE Development Kit 7（即 JDK 7）为例。

安装 JDK 后，需要设置 JAVA_HOME 环境变量。以 Windows 7 为例，右键单击“计算机”，选择“属性”，然后选择“高级系统设置”，再单击“高级”面板中的“环境变量”按钮，新建一个系统变量，其中变量名为“JAVA_HOME”，变量值为安装 JDK 的根目录，如“D:\Program Files\Java\jdk1.7.0_03”，如图 A-1 所示。

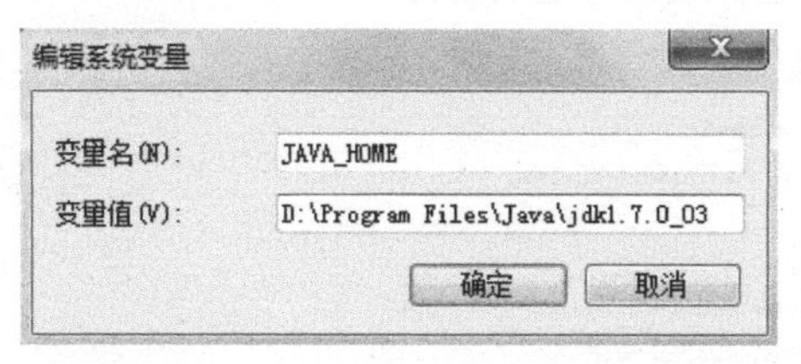

图 A-1　JAVA_HOME 环境变量设置

A.3　Tomcat 安装

可从 http://tomcat.apache.org 网站中下载最新版的 Tomcat。如果下载的是核心版（Core），如 apache-tomcat-7.0.26.zip，可以直接解压缩至某个目录下，然后找到 bin 目录下的 startup.bat 文件，双击该文件，即可启动 Tomcat。

启动 Tomcat 后，可在本机 IE 浏览器的地址栏中输入“http://localhost:8080”，如果出现图 A-2 所示的欢迎页面，则表示安装成功。

注意：① Tomcat 的 HTTP 侦听端口默认为 8080，可在配置文件 conf/servler.xml 中修改为其他端口；② 安装 Tomcat 前，必须预先安装 JDK。

如需要关闭 Tomcat，则只要关闭启动 Tomcat 的窗口即可。

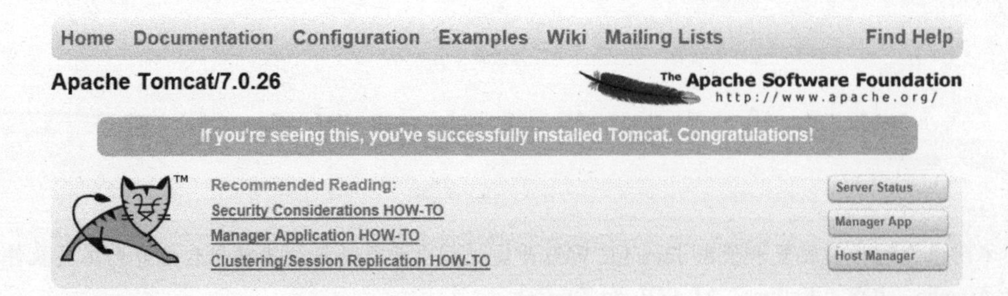

图 A-2 Tomcat 欢迎页面

A.4 Eclipse 安装

可从 http://www.eclipse.org/downloads 下载最新版的 Eclipse IDE for Java EE Developers。把下载完的 Eclipse 压缩文件解开至某个目录，单击 eclipse.exe，即可运行 Eclipse。注意：安装 Eclipse 前，必须预先安装 JDK。本附录以 Eclipse Indigo 为例。

A.5 使用 Eclipse

A.5.1 在 Eclipse 中配置 Tomcat

在 Eclipse 环境中，也可配置 Tomcat 以管理 Web 应用。启动 Eclipse，选择“Windows”→“Preferences”，在弹出的窗口中选择“Server”→“Runtime Environment”，然后单击“Add...”按钮，出现如图 A-3 所示的窗口，选择“Apache Tomcat v7.0”，单击“Next>”，输入已经安装好的 Tomcat 根目录，JRE 可选择已经安装好的 JRE7。

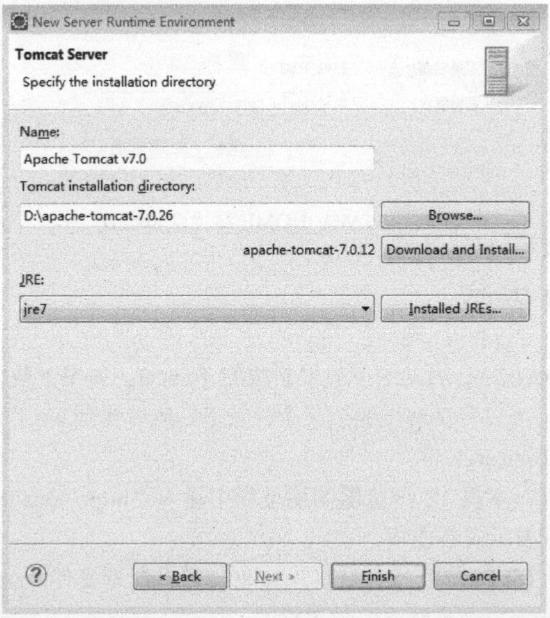

图 A-3 配置 Tomcat（1）

单击“Finish”，再单击“OK”。

在 Eclipse 主界面下方的“Servers”面板中，右键单击空白处，选择“New”→“Server”，将出现刚才配置好的 Tomcat 服务器信息，如图 A-4 所示。单击“Finish”即可。

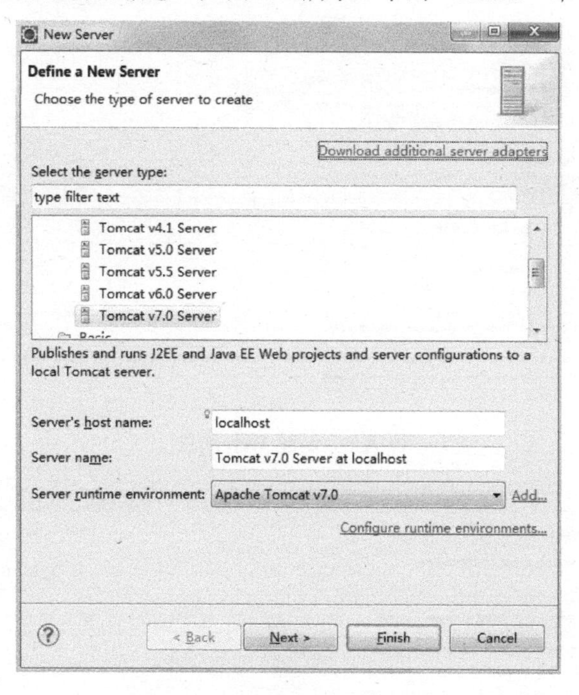

图 A-4　配置 Tomcat（2）

这时，在 Eclipse 主界面下方的“Servers”面板中就应该出现配置好的 Tomcat 条目，单击“Start the server”按钮，即可启动 Tomcat（如图 A-5 所示），启动后还可单击“Restart the server”和“Stop the server”按钮重启和关闭 Tomcat。注意，不能在 Eclipse 环境外部和内部同时启动同一个 Tomcat。

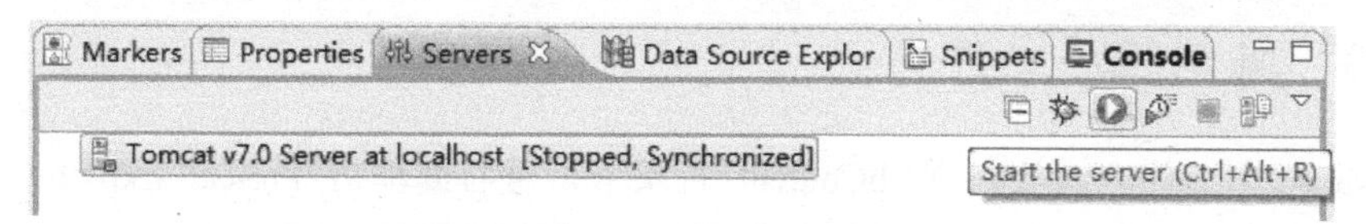

图 A-5　在 Eclipse 内部启动 Tomcat

A.5.2　创建 Web 项目

在 Eclipse 中，选择“File”→“New”→“Dynamic Web Project”，新建 Java Web 项目。在弹出的对话框中设置项目名称，如“JavaEEDemo”；选择“Target runtime”，如“Apache Tomcat v7.0”；选择“Dynamic web module version”，如“3.0”；选择“Configuration”，如“Default Configuration for Apache Tomcat v7.0”，如图 A-6 所示。

单击两次“Next”，出现如图 A-7 所示的对话框，选择“Generate web.xml deployment descriptor”，单击“Finish”。这样，就可以通过编辑 web.xml 文件以配置各类信息（如 Servlet）。当然，也可以不生成 web.xml，在这种情况下，各类配置信息需要通过程序中的注解给出（适用于最新的 Servlet 3.0 规范）。

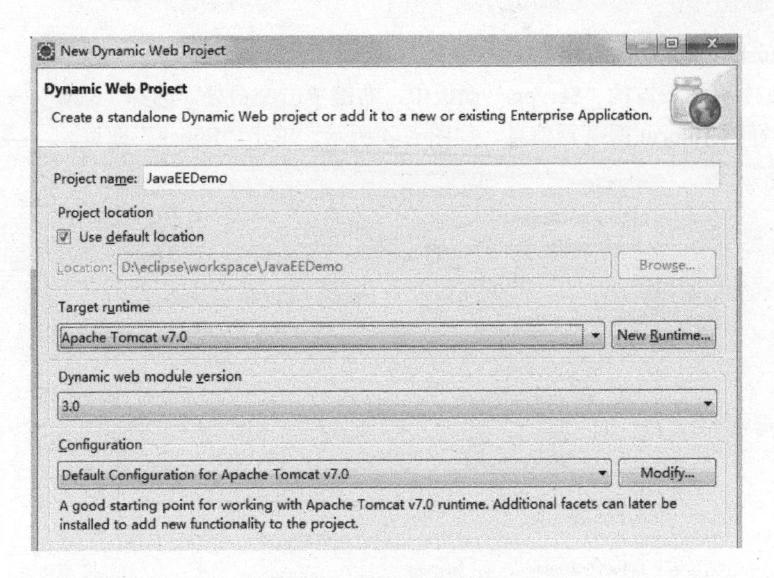

图 A-6　新建 Web 项目

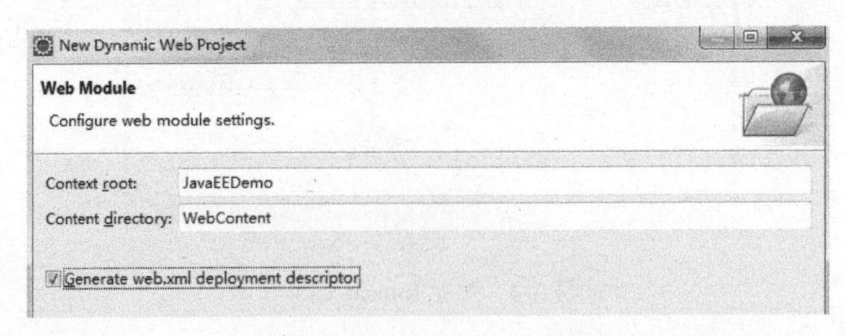

图 A-7　web.xml 文件显示设置

这样，一个 Java EE Web 项目就创建好了，接下来就需要编制程序文件了。

A.5.3　编制程序文件

非 Java 程序文件应该放在 WebContent 目录下，可右键单击 Project Explorer 面板中的“WebContent”，依次选择“New”→“HTML File”来创建 HTML 文件，或者依次选择“New”→“JSP File”来创建 JSP 文件。

所有 Java 程序文件应放入 src 目录。可右键单击“Java Resources”→“New”→“Class”来创建 Java 文件。图 A-8 是一个创建 edu.hdu.web.Hello 类的界面。

至此，一个典型的 Java EE Web 项目的结构应该如图 A-9 所示（包含了编写的 index.html、index.jsp 和 edu.hdu.web.Hello 类）。

A.5.4　部署 Web 项目至 Tomcat

待所有程序文件编制完成之后，需要将项目部署在 Tomcat 上。在 Eclipse 的“Servers”面板中右键单击需要部署到的 Java EE 应用服务器（如 Tomcat），选择“Add and Remove…”。在弹出的对话框（如图 A-10 所示）中，从“Available:”框中选择项目（如 JavaEEDemo），单击“Add>”按钮，移到“Configured:”框中，最后单击“Finish”按钮。

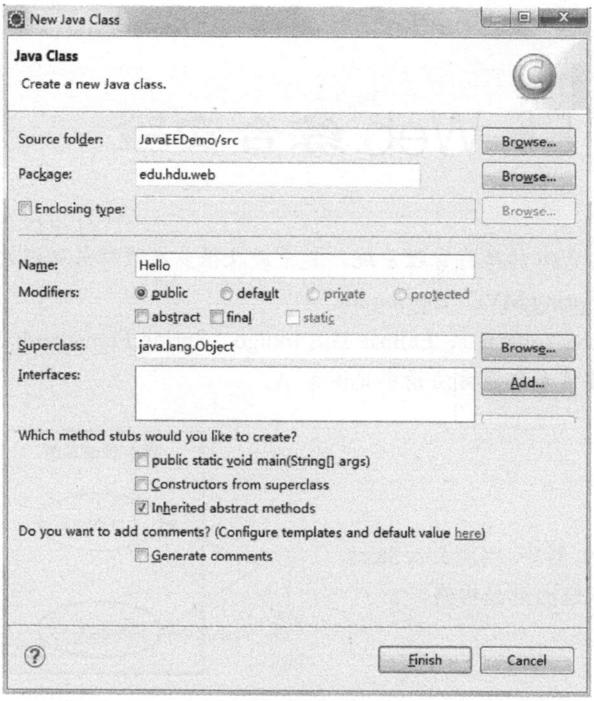

图 A-8　创建 Java 类

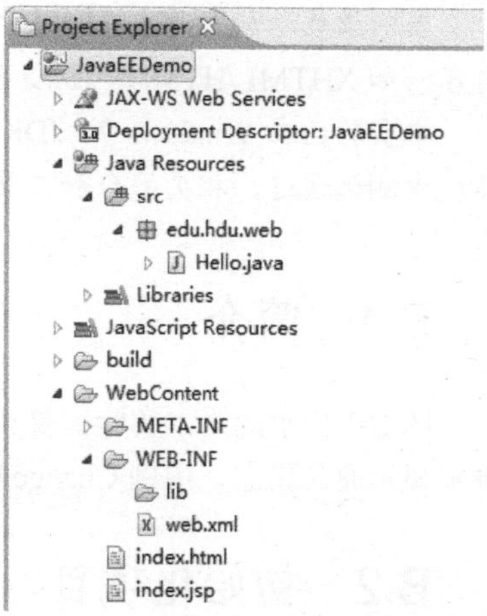

图 A-9　Java EE Web 项目结构示意

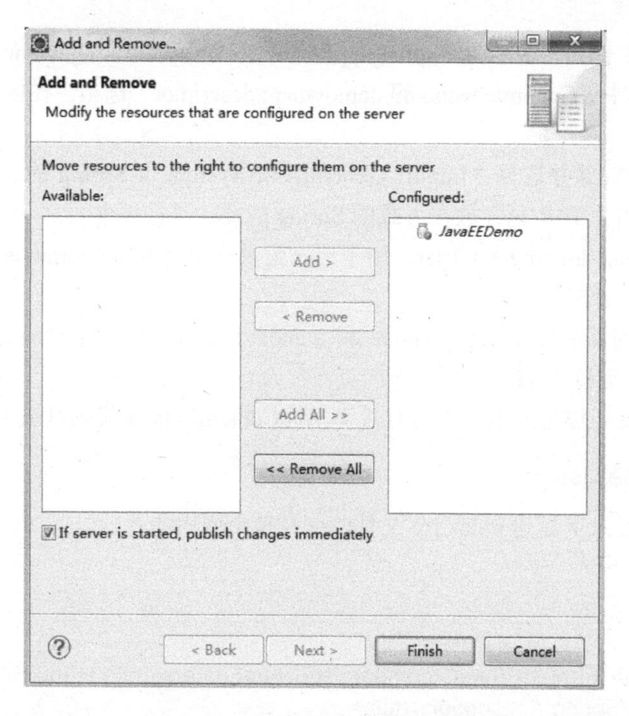

图 A-10　部署 Web 项目至 Tomcat

然后，在 Servers 面板中单击“Start the server”按钮，即可启动 Tomcat。

附录B　Java EE Web综合实验

本附录展示如何开发一个基于 Java EE Web 的库存管理系统，其中涉及很多本教材讲述过的内容，如 XHTML/HTML、JSP、Servlet、Spring MVC、Spring IoC 等①。

本实验已在 Windows 7、JDK 7、Apache Tomcat 7、Eclipse JEE Indigo、Spring Framework 3 环境中测试通过，相关平台和工具软件的安装和配置方法请参见附录 A。

B.1　简介

图 B-1 所示的是本实验需要实现的用例。其中，用例 List Stock 表示显示商品信息，用例 Change Price 表示修改商品价格。

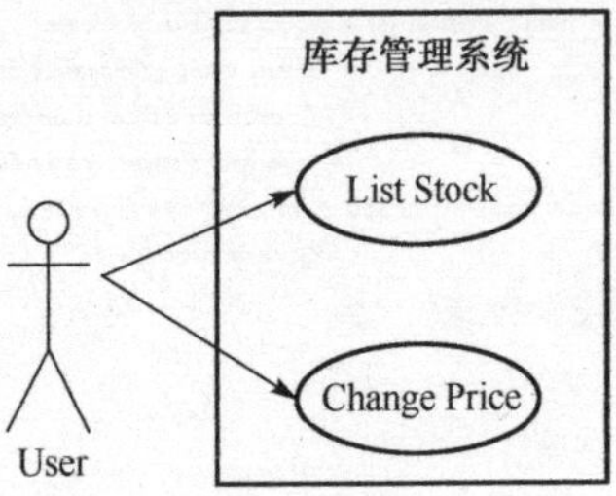

库存管理系统
List Stock
Change Price
User

图 B-1　库存管理系统用例图

B.2　初始化项目

1．创建项目工程

首先在 Eclipse 中建立一个名为“springapp”的动态 Web 项目（Dynamic Web Project），注意在创建过程中需要选中“Generate web.xml deployment descriptor”选项。在创建的 Web 项目的 lib 目录下：

（1）引入（单击右键并选择“Import-General-File System”）Spring 的 JAR 包（如为 Spring Framework 3.x，则相关 JAR 包存放在下载的 Spring 的 dist 子目录中）。

（2）引入 commons-logging-1.1.1.jar，用于日志记录（可从 http://commons.apache.org/logging/download_logging.cgi 下载）。

（3）引入 Java 标准标记库文件 jstl.jar 和 standard.jar（可从 http://tomcat.apache.org/taglibs/standard/下载），用于支持 JSTL。

以下设在 Eclipse 环境下的项目内容目录为 WebContent，Java 代码目录为 src。

2．新建文件 index.jsp

在 WebContent 目录下新建 index.jsp 文件，这是整个应用的入口。

index.jsp 代码如下：

```
<html>
  <head>
    <meta http-equiv="Content-Type" content="text/html; charset=ISO-8859-1">
    <title>Example :: Spring Application</title>
  </head>
```

① 本附录例子参考了 Thomas Risberg 等编写的《Developing a Spring Framework MVC application step-by-step》，有兴趣的读者可访问 http://static.springsource.org/docs/Spring-MVC-step-by-step/。

```
  <body>
    <h1>Example - Spring Application</h1>
    <p>This is my test.</p>
  </body>
</html>
```

3．新建 web.xml

修改 WEB-INF 目录下的 web.xml 文件，修改后的 web.xml 如下：

```
<?xml version="1.0" encoding="UTF-8"?>
<web-app xmlns:xsi="http://www.w3.org/2001/XMLSchema-instance"
  xmlns="http://java.sun.com/xml/ns/javaee"
  xmlns:web="http://java.sun.com/xml/ns/javaee/web-app_2_5.xsd"
  xsi:schemaLocation="http://java.sun.com/xml/ns/javaee
  http://java.sun.com/xml/ns/javaee/web-app_3_0.xsd" id="WebApp_ID" version="3.0">
  <display-name>spring</display-name>
  <welcome-file-list>
    <welcome-file>index.jsp</welcome-file>
  </welcome-file-list>
</web-app>
```

4．测试应用是否有效

在 Eclipse 中启动 Tomcat，部署 springapp 至 Tomcat。打开本机浏览器，输入“http://localhost:8080/springapp”，结果如图 B-2 所示。

图 B-2　最初的欢迎页面

至此，我们还没有使用到 Spring 框架，下面的工作就是要引入 Spring 框架。

B.3　引入 Spring 框架

1．配置 Spring 框架

Spring 框架要求在 web.xml 中定义一个 DispatcherServlet（前端控制器）。DispatchServlet 对所有的请求进行转发。<servlet-mapping>中定义一个 spring servlet，对所有以 .htm 结尾的 URL 进行转发。

修改后的 web.xml 如下所示：

```
<?xml version="1.0" encoding="UTF-8"?>
<web-app xmlns:xsi="http://www.w3.org/2001/XMLSchema-instance"
  xmlns="http://java.sun.com/xml/ns/javaee"
  xmlns:web="http://java.sun.com/xml/ns/javaee/web-app_2_5.xsd"
  xsi:schemaLocation="http://java.sun.com/xml/ns/javaee
  http://java.sun.com/xml/ns/javaee/web-app_3_0.xsd" id="WebApp_ID" version="3.0">
  <display-name>springapp</display-name>
```

```
  <servlet>
        <servlet-name>springapp</servlet-name>
<servlet-class>org.springframework.web.servlet.DispatcherServlet</servlet-class>
        <load-on-startup>1</load-on-startup>
  </servlet>
  <servlet-mapping>
        <servlet-name>springapp</servlet-name>
        <url-pattern>*.htm</url-pattern>
  </servlet-mapping>
  <welcome-file-list>
        <welcome-file>index.jsp</welcome-file>
  </welcome-file-list>
</web-app>
```

下一步，在 springapp/WebContent/WEB-INF 目录下新建文件 springapp-servlet.xml，其中包含 DispatcherServlet 使用到的所有 Bean 定义。在 springapp-servlet.xml 中添加一个 Bean 入口：hello.htm，指定处理的控制器为 springapp.web.HelloController。HelloController 将会处理 URL 为 hello.htm 的请求。不同于 DispatcherServlet，HelloController 负责处理一个特定的网页请求。DispatcherServlet 默认的处理映射类是 BeanNameUrlHandlerMapping，该类使用 Bean name 映射 URL 请求，并定义调用的控制器类。

此时的 springapp/WebContent/WEB-INF/springapp-servlet.xml 代码如下所示：

```
<?xml version="1.0" encoding="UTF-8"?>
<beans xmlns="http://www.springframework.org/schema/beans"
     xmlns:xsi="http://www.w3.org/2001/XMLSchema-instance"
     xmlns:context="http://www.springframework.org/schema/context"
     xmlns:mvc="http://www.springframework.org/schema/mvc"
     xsi:schemaLocation="http://www.springframework.org/schema/mvc
        http://www.springframework.org/schema/mvc/spring-mvc-3.0.xsd
        http://www.springframework.org/schema/beans
        http://www.springframework.org/schema/beans/spring-beans-3.0.xsd
        http://www.springframework.org/schema/context
        http://www.springframework.org/schema/context/spring-context-3.0.xsd">
     <bean name="/hello.htm" class="springapp.web.HelloController"></bean>
</beans>
```

2. 创建一个简单的控制器

在 springapp/src 下新建包 springapp.web，在该包下新建控制器类 HelloController。springapp/src/springapp/web/HelloController.java 代码如下：

```
package springapp.web;
import org.springframework.web.servlet.mvc.Controller;
import org.springframework.web.servlet.ModelAndView;
import javax.servlet.ServletException;
import javax.servlet.http.HttpServletRequest;
import javax.servlet.http.HttpServletResponse;
import org.apache.commons.logging.Log;
import org.apache.commons.logging.LogFactory;
import java.io.IOException;
```

```
public class HelloController implements Controller {
    protected final Log logger = LogFactory.getLog(getClass());
    public ModelAndView handleRequest(HttpServletRequest request,
            HttpServletResponse response) throws ServletException, IOException {
        logger.info("Returning hello view");
        return new ModelAndView("hello.jsp");
    }
}
```

3．创建一个简单的视图

在 springapp/WebContent/目录下新建文件 hello.jsp，代码如下：

```
<html>
  <head>
  <meta http-equiv="Content-Type" content="text/html; charset=ISO-8859-1">
  <title>Hello :: Spring Application</title>
  </head>
<body>
  <h1>Hello - Spring Application</h1>
  <p>Greetings.</p>
</body>
</html>
```

4．测试新应用

启动 Tomcat，打开本机浏览器，输入网址"http://localhost:8080/springapp/hello.htm"，结果如图 B-3 所示。

图 B-3　启用了 Spring 的欢迎页面

B.4　创建、配置新的视图和控制器

1．配置 JSTL，添加 JSP 头文件

我们将会使用到 JSP 标准标签库（JSTL），首先导入 jstl.jar 和 standard.jar 到 springapp/WebContent/WEB-INF/lib 中。在 springapp/WebContent/WEB-INF/下新建文件夹 jsp，用来存放所有的 JSP 文件。将 hello.jsp 复制到该文件夹中。

创建 JSP 头文件：springapp/WebContent/WEB-INF/jsp/include.jsp 代码如下：

```
<%@ page session="false" %>
<%@ taglib prefix="c" uri="http://java.sun.com/jsp/jstl/core" %>
<%@ taglib prefix="fmt" uri="http://java.sun.com/jsp/jstl/fmt" %>
```

更新 index.jsp，使用 JSTL 标签库的<c:redirect/>标签跳转到前端控制器。删除当前 index.jsp 的所有内容，添加如下内容：

```
<%@include file="WEB-INF/jsp/include.jsp" %>
<c:redirect url="/hello.htm"></c:redirect>
```

更新 hello.jsp，代码如下：

```
<%@include file="include.jsp" %>
<html>
<head>
  <meta http-equiv="Content-Type" content="text/html; charset=ISO-8859-1">
  <title>Hello :: Spring Application</title>
</head>
<body>
  <h1>Hello - Spring Application</h1>
  <p>Greetings, it is now<c:out value="${now}"></c:out></p>
</body>
</html>
```

2. 改进控制器

修改 springapp/src/springapp/web/HelloController.java，使得 HelloController 可获取和返回当前时间：

```
package springapp.web;
import org.springframework.web.servlet.mvc.Controller;
import org.springframework.web.servlet.ModelAndView;
import javax.servlet.ServletException;
import javax.servlet.http.HttpServletRequest;
import javax.servlet.http.HttpServletResponse;
import org.apache.commons.logging.Log;
import org.apache.commons.logging.LogFactory;
import java.io.IOException;
import java.util.Date;
public class HelloController implements Controller {
    protected final Log logger = LogFactory.getLog(getClass());
    public ModelAndView handleRequest(HttpServletRequest request,
            HttpServletResponse response) throws ServletException, IOException {
        String now = (new Date()).toString();
        logger.info("Returning hello view with " + now);
        return new ModelAndView("WEB-INF/jsp/hello.jsp", "now", now);
    }
}
```

打开浏览器，输入网址“http://localhost:8080/springapp/”，显示页面如图 B-4 所示。

图 B-4　显示了当前时间的欢迎页面

3. 对控制器和视图解耦

到目前为止，我们指定的是视图的全路径（WEB-INF/jsp/hello.jsp），由此造成控制器和视图之间的不必要的依赖关系。为了在视图改变时不必修改控制器类，可以将视图映射成一个逻辑名称，即修改 springapp-servlet.xml，为视图解析器 InternalResourceViewResolver 设定前缀和后缀。以下是修改后的 springapp-servlet.xml 内容：

```
<?xml version="1.0" encoding="UTF-8"?>
<beans xmlns="http://www.springframework.org/schema/beans"
    xmlns:xsi="http://www.w3.org/2001/XMLSchema-instance"
    xmlns:context="http://www.springframework.org/schema/context"
    xmlns:mvc="http://www.springframework.org/schema/mvc"
    xsi:schemaLocation="http://www.springframework.org/schema/mvc
      http://www.springframework.org/schema/mvc/spring-mvc-3.0.xsd
      http://www.springframework.org/schema/beans
      http://www.springframework.org/schema/beans/spring-beans-3.0.xsd
      http://www.springframework.org/schema/context
      http://www.springframework.org/schema/context/spring-context-3.0.xsd">
    <bean name="/hello.htm" class="springapp.web.HelloController" />
    <bean id="viewResolver"
        class="org.springframework.web.servlet.view.InternalResourceViewResolver">
        <property name="viewClass"
            value="org.springframework.web.servlet.view.JstlView">
        </property>
        <property name="prefix" value="/WEB-INF/jsp/"></property>
        <property name="suffix" value=".jsp"></property>
    </bean>
</beans>
```

相应地，修改控制器 springapp/src/springapp/web/HelloController.java，使用逻辑名称 hello：

```
package springapp.web;
import org.springframework.web.servlet.mvc.Controller;
import org.springframework.web.servlet.ModelAndView;
import javax.servlet.ServletException;
import javax.servlet.http.HttpServletRequest;
import javax.servlet.http.HttpServletResponse;
import org.apache.commons.logging.Log;
import org.apache.commons.logging.LogFactory;
import java.io.IOException;
import java.util.Date;
public class HelloController implements Controller {
    protected final Log logger = LogFactory.getLog(getClass());
    public ModelAndView handleRequest(HttpServletRequest request,
            HttpServletResponse response) throws ServletException, IOException {
        String now = (new Date()).toString();
        logger.info("Returning hello view with " + now);
        return new ModelAndView("hello", "now", now);
    }
}
```

重新打开浏览器，输入网址“http://localhost:8080/springapp/”，检查是否依然有效。

这样就实现了对控制器和视图的解耦。

B.5 开发业务逻辑层

1. 业务需求

本管理系统的主要功能是展现商品目录和更改商品价格，更改商品价格的限制如下：价格最大提高不超过50%，价格最小提高不小于0%。

图B-5是相关类的关系。

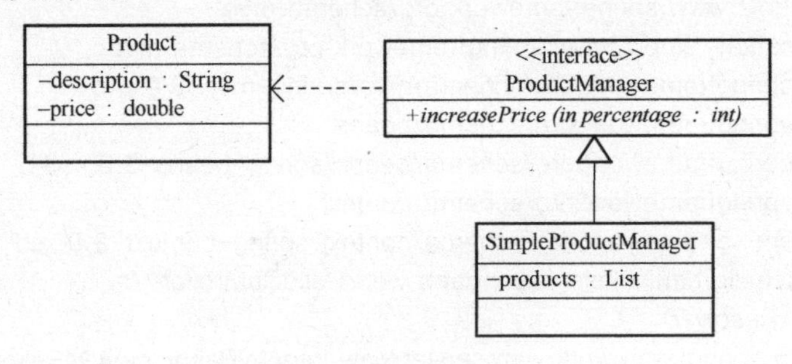

图B-5 管理系统的类

2. 添加业务逻辑类

添加实体类Product、服务接口ProductManager。新建包springapp.domain，存放实体类；新建包springapp.service，存放服务类。

实体类springapp.domain.Product的代码如下：

```
package springapp.domain;
public class Product {
    private int id;
    private String description;
    private Double price;
    public int getId() {
        return id;
    }
    public void setId(int id) {
        this.id = id;
    }
    public String getDescription() {
        return description;
    }
    public void setDescription(String description) {
        this.description = description;
    }
    public Double getPrice() {
        return price;
    }
    public void setPrice(Double price) {
```

```
        this.price = price;
    }
    public String toString() {
        StringBuffer buffer = new StringBuffer();
        buffer.append("ID: " + id + ";");
        buffer.append("Description: " + description + ";");
        buffer.append("Price: " + price);
        return buffer.toString();
    }
}
```

ProductManager 接口处理 products，包含两个方法：业务方法 increasePrice()，提高所有 product 的价格；getProducts()方法，取得所有 product（一个包含 product 的列表）。

首先创建一个接口 ProductManager，代码如下：

```
package springapp.service;
import java.util.List;
import springapp.domain.Product;
public interface ProductManager {
    public void increasePrice(int percentage);
    public List<Product> getProducts();
}
```

然后，创建接口 ProductManager 的实现类 SimpleProductManager，代码如下：

```
package springapp.service;
import java.util.List;
import springapp.domain.Product;
public class SimpleProductManager implements ProductManager {
    private List<Product> products;
    public List<Product> getProducts() {
        return products;
    }
    public void increasePrice(int percentage) {
        if (products != null) {
            for (Product product : products) {
                double newPrice = product.getPrice().doubleValue()
                        * (100 + percentage) / 100;
                product.setPrice(newPrice);
            }
        }
    }
    public void setProducts(List<Product> products) {
        this.products = products;
    }
}
```

3. 在控制器类里为业务逻辑添加引用

首先利用 Eclipse 的重构功能，重命名 HelloController 为 InventoryController，以使其更有意义（在 Project Explorer 中，右键单击 HelloController.java，选择“Refactor”→“Rename…”，输入新的类名），然后同步修改 springapp-servlet.xml:

```
<bean name="/hello.htm" class="springapp.web.InventoryController"/>
```

下一步，修改 InventoryController，以添加对业务逻辑的引用。代码如下：

```
package springapp.web;
import org.springframework.web.servlet.mvc.Controller;
import org.springframework.web.servlet.ModelAndView;
import javax.servlet.ServletException;
import javax.servlet.http.HttpServletRequest;
import javax.servlet.http.HttpServletResponse;
import java.io.IOException;
import java.util.Map;
import java.util.HashMap;
import org.apache.commons.logging.Log;
import org.apache.commons.logging.LogFactory;
import springapp.service.ProductManager;
public class InventoryController implements Controller {
    protected final Log logger = LogFactory.getLog(getClass());
    private ProductManager productManager;
    public ModelAndView handleRequest(HttpServletRequest request,
            HttpServletResponse response) throws ServletException, IOException {
        String now = (new Date()).toString();
        logger.info("returning hello view with " + now);
        Map<String, Object> myModel = new HashMap<String, Object>();
        myModel.put("now", now);
        myModel.put("products", this.productManager.getProducts());
        return new ModelAndView("hello", "model", myModel);
    }
    public void setProductManager(ProductManager productManager) {
        this.productManager = productManager;
    }
}
```

4．添加对数据的访问

接下来就需要添加对数据的访问。为简单起见，我们直接在 Spring 应用的配置文件中加入需要访问的数据，当然这不是一个好方法，在实际应用中应该把数据存储在一个关系型数据库中。

在 springapp-servlet.xml 中添加 4 个 Bean 的定义，其中一个为 SimpleProductManager 类，3 个为 Product 类。此外，还需要告诉 Spring 框架，在实例化 SimpleProductManager 的 Bean 时，应注入 3 个 Product 的 Bean。

修改后的 springapp-servlet.xml 代码如下：

```
<?xml version="1.0" encoding="UTF-8"?>
<beans xmlns="http://www.springframework.org/schema/beans"
    xmlns:xsi="http://www.w3.org/2001/XMLSchema-instance"
    xmlns:context="http://www.springframework.org/schema/context"
    xmlns:mvc="http://www.springframework.org/schema/mvc"
    xsi:schemaLocation="http://www.springframework.org/schema/mvc
      http://www.springframework.org/schema/mvc/spring-mvc-3.0.xsd
      http://www.springframework.org/schema/beans
      http://www.springframework.org/schema/beans/spring-beans-3.0.xsd
```

```
        http://www.springframework.org/schema/context
        http://www.springframework.org/schema/context/spring-context-3.0.xsd">
    <bean name="/hello.htm" class="springapp.web.InventoryController">
        <property name="productManager" ref="productManager" />
    </bean>
    <bean id="productManager" class="springapp.service.SimpleProductManager">
        <property name="products">
            <list>
                <ref bean="product1" />
                <ref bean="product2" />
                <ref bean="product3" />
            </list>
        </property>
    </bean>
    <bean id="product1" class="springapp.domain.Product">
        <property name="description" value="Lamp" />
        <property name="price" value="5.75" />
    </bean>
    <bean id="product2" class="springapp.domain.Product">
        <property name="description" value="Table" />
        <property name="price" value="75.25" />
    </bean>
    <bean id="product3" class="springapp.domain.Product">
        <property name="description" value="Chair" />
        <property name="price" value="22.79" />
    </bean>
    <bean id="viewResolver"
        class="org.springframework.web.servlet.view.InternalResourceViewResolver">
        <property name="viewClass"
            value="org.springframework.web.servlet.view.JstlView" />
        <property name="prefix" value="/WEB-INF/jsp/" />
        <property name="suffix" value=".jsp" />
    </bean>
</beans>
```

这样，产品（product）的具体信息（商品描述、价格）就直接描述在Spring的配置文件中了。

5．修改视图以显示业务数据

修改hello.jsp，使用JSTL的<c:forEach/>标签显示每个product的信息。使用标签<fmt:message/>设置标题、头部和欢迎文本。

hello.jsp的代码如下（放置在springapp/WebContent/WEB-INF/jsp/目录下）：

```
<%@ include file="/WEB-INF/jsp/include.jsp"%>
<html>
<head>
<title><fmt:message key="title" /></title>
</head>
<body>
    <h1><fmt:message key="heading" /></h1>
```

```
    <p><fmt:message key="greeting" /> <c:out value="${model.now}" /></p>
    <h3>Products</h3>
    <c:forEach items="${model.products}" var="prod">
      <c:out value="${prod.description}" />
      <i>$<c:out value="${prod.price}" /></i>
      <br>
      <br>
    </c:forEach>
</body>
</html>
```

具体的标题、头部和欢迎文本则放置在资源文件中。在 src 目录下新建资源文件 messages.properties，内容如下：

```
title=SpringApp
heading=Hello :: SpringApp
greeting=Greetings, it is now
```

同时，修改 springapp-servlet.xml 文件，添加如下 Bean，这样就能引用到 messages.properties 文件了：

```
<bean id="messageSource"
class="org.springframework.context.support.ResourceBundleMessageSource">
    <property name="basename" value="messages" />
</bean>
```

现在停止 Tomcat 服务，重新启动 Tomcat，打开浏览器，输入“http://localhost:8080/springapp”，结果如图 B-6 所示。

图 B-6　显示产品信息

B.6　使用表单

下面介绍如何使用表单以实现按统一的幅度提高产品价格。

1．新建提高价格的页面

在 WebContent/WEB-INF/jsp 目录下新建 priceincrease.jsp，以提供一个表单供用户输入价格提高的百分比，该文件使用了 Spring 框架提供的标签库 spring-form.tld。

下面是 priceincrease.jsp 的代码：

```
<%@ include file="/WEB-INF/jsp/include.jsp"%>
<%@ taglib prefix="form" uri="http://www.springframework.org/tags/form"%>
<html>
<head>
  <title><fmt:message key="title" /></title>
  <style>
  .error {
    color: red;
  }
```

```
  </style>
</head>
<body>
  <h1><fmt:message key="priceincrease.heading" /></h1>
<form:form method="post" commandName="priceIncrease">
    <table width="95%" bgcolor="f8f8ff" border="0" cellspacing="0"
        cellpadding="5">
        <tr>
            <td align="right" width="20%">Increase (%):</td>
            <td width="20%"><form:input path="percentage" /></td>
            <td width="60%"><form:errors path="percentage" cssClass="error" /></td>
        </tr>
    </table>
    <br>
    <input type="submit" align="center" value="Execute">
  </form:form>
  <a href="<c:url value="hello.htm"/>">Home</a>
</body>
</html>
```

2. 新建提高价格的业务逻辑类

在 springapp.service 包中，新建类 PriceIncrease.java，代码如下：

```
package springapp.service;
import org.apache.commons.logging.Log;
import org.apache.commons.logging.LogFactory;
public class PriceIncrease {
    protected final Log logger = LogFactory.getLog(getClass());
    private int percentage;
    public void setPercentage(int i) {
        percentage = i;
        logger.info("Percentage set to " + i);
    }
    public int getPercentage() {
        return percentage;
    }
}
```

在 springapp.service 包中新建 PriceIncreaseValidator 类，该类的 validate( )方法将在用户单击“提交”按钮时被调用，以限制提高价格的幅度为 0～50%。表单中输入的值会被 Spring 框架设置在控制类中的命令对象（command object）中。下面是 PriceIncreaseValidator.java 的代码：

```
package springapp.service;
import org.springframework.validation.Validator;
import org.springframework.validation.Errors;
import org.apache.commons.logging.Log;
import org.apache.commons.logging.LogFactory;
public class PriceIncreaseValidator implements Validator {
    private int DEFAULT_MIN_PERCENTAGE = 0;
    private int DEFAULT_MAX_PERCENTAGE = 50;
```

```
    private int minPercentage = DEFAULT_MIN_PERCENTAGE;
    private int maxPercentage = DEFAULT_MAX_PERCENTAGE;
    protected final Log logger = LogFactory.getLog(getClass());
    public boolean supports(Class clazz) {
        return PriceIncrease.class.equals(clazz);
    }
    public void validate(Object obj, Errors errors) {
        PriceIncrease pi = (PriceIncrease) obj;
        if (pi == null) {
            errors.rejectValue("percentage", "error.not-specified", null, "Value required.");
        } else {
            logger.info("Validating with " + pi + ": " + pi.getPercentage());
            if (pi.getPercentage() > maxPercentage) {
                errors.rejectValue("percentage", "error.too-high",
                        new Object[] { new Integer(maxPercentage) },
                        "Value too high.");
            }
            if (pi.getPercentage() <= minPercentage) {
                errors.rejectValue("percentage", "error.too-low",
                        new Object[] { new Integer(minPercentage) },
                        "Value too low.");
            }
        }
    }
    public void setMinPercentage(int i) {
        minPercentage = i;
    }
    public int getMinPercentage() {
        return minPercentage;
    }
    public void setMaxPercentage(int i) {
        maxPercentage = i;
    }
    public int getMaxPercentage() {
        return maxPercentage;
    }
}
```

3. 添加表单控制器

在 springapp-servlet.xml 中添加入口，以定义新的表单控制器，并为 commandClass 和 validator 注入值。同时需要指定两个视图：formView，用来显示表单；successView，表示表单成功处理之后的跳转视图。为了防止表单重复提交，需要使用 URL 重定向，即成功处理表单之后跳转到另外一个 URL，而不是原来的页面。在这里重定向为 hello.htm，再映射到 hello.jsp。

修改后的 springapp-servlet.xml 如下所示：

```
<?xml version="1.0" encoding="UTF-8"?>
<beans xmlns="http://www.springframework.org/schema/beans"
    xmlns:xsi="http://www.w3.org/2001/XMLSchema-instance"
```

```
xmlns:context="http://www.springframework.org/schema/context"
xmlns:mvc="http://www.springframework.org/schema/mvc"
xsi:schemaLocation="http://www.springframework.org/schema/mvc
  http://www.springframework.org/schema/mvc/spring-mvc-3.0.xsd
  http://www.springframework.org/schema/beans
  http://www.springframework.org/schema/beans/spring-beans-3.0.xsd
  http://www.springframework.org/schema/context
  http://www.springframework.org/schema/context/spring-context-3.0.xsd">
<bean name="/hello.htm" class="springapp.web.InventoryController">
    <property name="productManager" ref="productManager" />
</bean>
<bean id="productManager" class="springapp.service.SimpleProductManager">
    <property name="products">
        <list>
            <ref bean="product1" />
            <ref bean="product2" />
            <ref bean="product3" />
        </list>
    </property>
</bean>
<bean id="product1" class="springapp.domain.Product">
    <property name="description" value="Lamp" />
    <property name="price" value="5.75" />
</bean>
<bean id="product2" class="springapp.domain.Product">
    <property name="description" value="Table" />
    <property name="price" value="75.25" />
</bean>
<bean id="product3" class="springapp.domain.Product">
    <property name="description" value="Chair" />
    <property name="price" value="22.79" />
</bean>
<bean name="/priceincrease.htm"
    class="springapp.web.PriceIncreaseFormController">
    <property name="sessionForm" value="true" />
    <property name="commandName" value="priceIncrease" />
    <property name="commandClass" value="springapp.service.PriceIncrease" />
    <property name="validator">
        <bean class="springapp.service.PriceIncreaseValidator" />
    </property>
    <property name="formView" value="priceincrease" />
    <property name="successView" value="hello.htm" />
    <property name="productManager" ref="productManager" />
</bean>
<bean id="viewResolver"
    class="org.springframework.web.servlet.view.InternalResourceViewResolver">
    <property name="viewClass"
        value="org.springframework.web.servlet.view.JstlView" />
    <property name="prefix" value="/WEB-INF/jsp/" />
```

```
        <property name="suffix" value=".jsp" />
    </bean>
    <bean id="messageSource"
        class="org.springframework.context.support.ResourceBundleMessageSource">
        <property name="basename" value="messages" />
    </bean>
</beans>
```

在以上对 PriceIncreaseFormController 的定义中设置了"validator"属性，表示用户提交表单后，将调用 PriceIncreaseValidator 的 validate( )方法。如通过验证，则继续调用 PriceIncrease FormController 的 onSubmit( )方法，在完成对新价格的计算后，再转向成功视图（successView）。这里根据 springapp-servlet.xml 的定义成功视图为 hello.htm，也就是说，接着会执行 InventoryController 的 handleRequest( )方法，最后显示了页面 hello.jsp。

相应地，我们需要在 springapp.web 包中新建表单控制器类 PriceIncreaseFormController。用户单击提交按钮时会调用 onSubmit( )方法，然后 increasePrice( )方法被调用，最后返回一个 ModelAndView 类传递一个 RedirectView 实例。下面是 PriceIncreaseFormController.java 的代码：

```
package springapp.web;
import org.springframework.web.servlet.mvc.SimpleFormController;
import org.springframework.web.servlet.ModelAndView;
import org.springframework.web.servlet.view.RedirectView;
import javax.servlet.ServletException;
import javax.servlet.http.HttpServletRequest;
import org.apache.commons.logging.Log;
import org.apache.commons.logging.LogFactory;
import springapp.service.ProductManager;
import springapp.service.PriceIncrease;
public class PriceIncreaseFormController extends SimpleFormController {
    protected final Log logger = LogFactory.getLog(getClass());
    private ProductManager productManager;
    public ModelAndView onSubmit(Object command) throws ServletException {
        int increase = ((PriceIncrease) command).getPercentage();
        logger.info("Increasing prices by " + increase + "%.");
        productManager.increasePrice(increase);
        logger.info("returning from PriceIncreaseForm view to "
                + getSuccessView());
        return new ModelAndView(new RedirectView(getSuccessView()));
    }
    protected Object formBackingObject(HttpServletRequest request)
            throws ServletException {
        PriceIncrease priceIncrease = new PriceIncrease();
        priceIncrease.setPercentage(20);
        return priceIncrease;
    }
    public void setProductManager(ProductManager productManager) {
        this.productManager = productManager;
    }
    public ProductManager getProductManager() {
```

```
            return productManager;
        }
}
```

这个 Formcontroller（表单控制器）有点复杂。在用 GET 方法请求/priceincrease.htm 时，先要调用它的 formBackingObject()方法，生成一个 PriceIncrease 类，赋上默认的百分比（20），然后调用 springapp-servlet.xml 中用 formView 标记的视图逻辑名，这里是 priceincrease，再经过加前缀和和后缀，实际上是把请求转向了 WEB-INF/jsp/priceincrease.jsp。这时候，这个 JSP 页面应该把默认的百分比显示出来了（Spring 会自动把 PriceIncrease 对象的属性值按同名原则赋值给表单的各个输入控件，即比较 PriceIncrease 对象的属性名和表单控件的 path 名，这里都是 percentage）。

接下来，在资源文件 message.properties 中添加需要的信息：

```
title=SpringApp
heading=Hello :: SpringApp
greeting=Greetings, it is now
priceincrease.heading=Price Increase :: SpringApp
error.not-specified=Percentage not specified!!!
error.too-low=You have to specify a percentage higher than {0}!
error.too-high=Don''t be greedy - you can''t raise prices by more than {0}%!
required=Entry required.
typeMismatch=Invalid data.
typeMismatch.percentage=That is not a number!!!
```

最后，修改 hello.jsp，以添加提高价格的链接：

```
<%@ include file="/WEB-INF/jsp/include.jsp"%>
<html>
<head>
  <title><fmt:message key="title" /></title>
</head>
<body>
  <h1><fmt:message key="heading" /></h1>
  <p><fmt:message key="greeting" /> <c:out value="${model.now}" /></p>
  <h3>Products</h3>
     <c:forEach items="${model.products}" var="prod">
     <c:out value="${prod.description}" />
     <i>$<c:out value="${prod.price}" /></i>
     <br>
     <br>
  </c:forEach>
  <br>
  <a href="<c:url value="priceincrease.htm"/>">Increase Prices</a>
  <br>
</body>
</html>
```

打开本机浏览器，输入“http://localhost:8080/springapp”，初始页面如图 B-7 所示。

单击“Increase Prices”链接，再单击“Execute”按钮，输入提价百分比“60”，显示如图 B-8 所示的界面，提示提价幅度太大。

图 B-7　增加了提价链接的初始页面

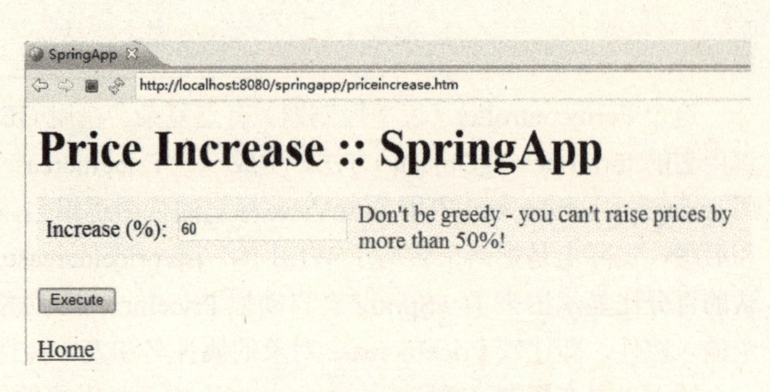

图 B-8　显示提价太高的页面

再次输入提价百分比“30”，单击“Execute”按钮，显示如图 B-9 所示的界面，提示提价成功的产品价格信息。

图 B-9　成功提价之后的页面

参 考 文 献

[1] 李刚. 轻量级 Java EE 企业应用实战（第 3 版）-Struts2+Spring3+Hibernate 整合开发. 电子工业出版社，2011.

[2] 吴映波. Java EE 5 开发基础与实践. 清华大学出版社，2008.

[3] 林信良. Java JDK 6 学习笔记. 清华大学出版社，2007.

[4] Bruce Eckel. Java 编程思想（英文版 • 第 4 版）. 机械工业出版社，2006.

[5] Robert W，Sebesta. Programming the World Wide Web, Edition 4. Pearson Education，2008.

[6] Jeffrey C. Jackson. Web 技术. 清华大学出版社，2007.

[7] 沃尔斯，布雷登巴赫. Spring in Action,（第 2 版）. 毕庆红等译. 人民邮电出版社，2008.

[8] http://www.w3school.com.cn

[9] http://www.w3.org

[10] http://www.oracle.com/technetwork/java/javaee/downloads/index.html

[11] http://www.oracle.com/technetwork/java/javaee/jsp/index.html

[12] http://www.oracle.com/technetwork/java/javaee/servlet/index.html

[13] http://www.springsource.org

[14] http://struts.apache.org

[15] http://www.hibernate.org

[16] Thomas Risberg, Rick Evans, Portia Tung. Developing a Spring Framework MVC application step-by-step. http://static.springsource.org/docs/Spring-MVC-step-by-step/